# 耐火材料用高密度烧结镁砂

袁 磊　靳恩东　于景坤　著

北 京
冶 金 工 业 出 版 社
2021

## 内 容 提 要

本书介绍了利用显晶质菱镁矿制备高密度烧结镁砂的技术方法，分析了原料性质、成型工艺、水化工艺及添加剂对烧结镁砂致密性作用的影响规律，并阐明了各工艺因素对烧结镁砂致密性的作用机理。本书对于优化高密度烧结镁砂生产工艺具有较强的启发性。

本书可供从事镁质耐火材料的科研和生产技术人员阅读，也可供相关领域大专院校师生参考。

**图书在版编目(CIP)数据**

耐火材料用高密度烧结镁砂/袁磊，靳恩东，于景坤著. —北京：冶金工业出版社，2021.12

ISBN 978-7-5024-9005-8

Ⅰ.①耐… Ⅱ.①袁… ②靳… ③于… Ⅲ.①镁质耐火材料—烧结—研究 Ⅳ.①TQ175.71

中国版本图书馆 CIP 数据核字（2021）第 269256 号

**耐火材料用高密度烧结镁砂**

---

**出版发行** 冶金工业出版社　　**电　话** (010)64027926
**地　址** 北京市东城区嵩祝院北巷 39 号　　**邮　编** 100009
**网　址** www.mip1953.com　　**电子信箱** service@mip1953.com

---

责任编辑 卢　敏　姜恺宁　美术编辑 燕展疆　版式设计 郑小利
责任校对 郑　娟　责任印制 李玉山
三河市双峰印刷装订有限公司印刷
2021 年 12 月第 1 版，2021 年 12 月第 1 次印刷
710mm×1000mm 1/16；8.5 印张；163 千字；127 页
**定价 68.00 元**

---

**投稿电话 (010)64027932　投稿信箱 tougao@cnmip.com.cn**
**营销中心电话 (010)64044283**
**冶金工业出版社天猫旗舰店 yjgycbs.tmall.com**
（本书如有印装质量问题，本社营销中心负责退换）

# 前　　言

烧结镁砂是生产镁质耐火材料的主要原料，其质量和性能不但直接影响镁质耐火材料的使用寿命，而且对于耐火材料应用领域的生产安全和经济效益也有重要影响。烧结镁砂的纯度和体积密度被认为是影响烧结镁砂质量和性能的主要指标，在选矿提纯技术不断开发和应用的情况下，镁砂纯度基本上可以通过控制选矿工艺达到镁质产品所要求的含量范围。但是，由于我国的菱镁矿多为显晶质，由其分解生成的MgO带有$MgCO_3$“假晶”结构，故很难通过烧结获得较高致密度的镁砂，特别是体积密度大于3.40g/cm$^3$的高密度烧结镁砂。因此，提高烧结镁砂的体积密度被认为是高效利用我国菱镁资源的一项重要手段，一直受到行业的高度重视，也是近些年来人们积极追求的目标。

自20世纪80年代开始，我国相关研究单位和耐火材料企业围绕着如何提高烧结镁砂的密度进行了研究，并取得了诸多研究成果，逐步将烧结镁砂的体积密度提高到了3.25~3.30g/cm$^3$。近年来，随着菱镁矿选矿技术、轻烧镁粉体制备技术、轻烧镁成型技术以及高温炉窑烧成技术的不断进步，特别是相关研究加深了人们对于镁砂烧结理论的进一步理解，改变了人们对于镁砂烧结工艺的传统观念，启发了有关镁砂烧结技术的一些新思维，进而集成了镁砂烧结新技术，并在辽宁嘉晨集团得到了实际应用，使生产体积密度大于3.40g/cm$^3$的高密度烧结镁砂成为现实。

东北大学冶金高温材料与技术研究所积极参与了我国高密度烧结镁砂研究和产品开发过程，力图在我国的高密度镁砂烧结方面做出一些尝试、努力和贡献。近20年来，其在进一步充实镁砂烧结理论研究的基础上，较为系统地研究了影响镁砂烧结的一些因素以及对镁砂性能的影响，取得了一些研究成果，并在镁砂烧结生产中得到了实际应用。

本书总结了东北大学冶金高温材料与技术研究所近年来在高密度烧结镁砂领域的研究成果，分别从原料性质、成型工艺、水化工艺及添加剂等角度阐明其对烧结镁砂致密性的作用和影响，并反映了高密度烧结镁砂制备和生产等的未来发展方向，具有较强的针对性和实用性。

本书内容汇集了近年来东北大学冶金高温材料与技术研究所全体师生的研究成果，在此对为本书做出杰出贡献的李环博士、马鹏程博士、苏莉硕士、王晓英硕士和赵春燕硕士表示诚挚的感谢！在本书的成文过程中，得到了魏国、颜正国、刘涛、马北越、杜传明、刘朝阳和温天朋等诸位老师的大力帮助，在文献的查阅、整理和总结过程中得到了田晨、彭子钧和刘震丽等博士生的鼎力支持，对书中有关文献和资料的作者在此一并表示诚挚的谢意！

由于作者水平所限，书中不妥之处敬请读者批评指正！

作　者

2021 年 9 月于沈阳

# 目　　录

1　概述 ………………………………………………………………………… 1

1.1　高密度烧结镁砂的概念 ……………………………………………… 1
1.2　高密度烧结镁砂的特点 ……………………………………………… 1
1.3　烧结镁砂的主要生产方法 …………………………………………… 2
1.3.1　菱镁矿直接煅烧法 ………………………………………………… 2
1.3.2　菱镁矿铵浸法 ……………………………………………………… 2
1.3.3　菱镁矿碳化法 ……………………………………………………… 3
1.4　烧结镁砂生产和利用的发展历程 …………………………………… 3
1.4.1　国外烧结镁砂生产的发展和利用状况 …………………………… 3
1.4.2　国内烧结镁砂生产的发展和利用状况 …………………………… 4
1.5　我国烧结镁砂产业的未来发展方向 ………………………………… 6
参考文献……………………………………………………………………… 7

2　原料性质对烧结镁砂致密性的作用 ……………………………………… 10

2.1　轻烧温度对烧结镁砂致密性的影响 ………………………………… 10
2.1.1　轻烧温度对 MgO 粉体物相和显微结构的影响 ………………… 10
2.1.2　轻烧温度对镁砂致密性及微观结构的影响 ……………………… 11
2.2　MgO 粉体粒度对烧结镁砂致密性的影响 …………………………… 14
2.2.1　细磨对 MgO 粉体的影响 ………………………………………… 14
2.2.2　细磨对烧结镁砂致密性及微观结构的影响 ……………………… 16
2.2.3　MgO 晶粒生长动力学分析 ………………………………………… 20
2.3　$CaO/SiO_2$ 质量比值对烧结镁砂致密性的影响 …………………… 22
参考文献 …………………………………………………………………… 27

3　成型工艺对烧结镁砂致密性的作用 ……………………………………… 28

3.1　真空成型工艺 ………………………………………………………… 28
3.2　真空度对 MgO 粉体堆积密度的影响 ……………………………… 29
3.3　成型压力对烧结镁砂致密性能的影响 ……………………………… 31

3.3.1 体积密度与开孔隙率 …… 31
3.3.2 孔径分布与微观结构 …… 32
3.3.3 机理分析 …… 34
3.4 成型厚度对烧结镁砂致密性能的影响 …… 36
3.4.1 体积密度与开孔隙率 …… 36
3.4.2 孔径分布及微观结构 …… 37
3.4.3 机理分析 …… 40
参考文献 …… 41

**4 水化工艺对烧结镁砂致密性的作用 …… 43**

4.1 水化工艺制备高活性氧化镁的研究 …… 43
4.1.1 氢氧化镁的分解机理 …… 43
4.1.2 氧化镁活性的测定方法 …… 46
4.1.3 煅烧温度对氧化镁活性的影响 …… 48
4.1.4 保温时间对氧化镁活性的影响 …… 51
4.1.5 起始加热温度对氧化镁活性的影响 …… 56
4.1.6 氧化镁活性与其微观结构的关系 …… 57
4.1.7 活性氧化镁的老化实验研究 …… 59
4.2 水化工艺对高密度烧结镁砂制备的影响研究 …… 60
4.2.1 水化下不同制备工艺对烧结镁砂的影响 …… 61
4.2.2 水化下不同菱镁矿原料对烧结镁砂的影响 …… 70
4.2.3 水化与未水化下烧结镁砂的对比研究 …… 73
4.2.4 水化下氧化镁粒度对烧结镁砂的影响 …… 80
参考文献 …… 87

**5 添加剂对烧结镁砂致密性的作用 …… 90**

5.1 氧化镁中加入添加剂对烧结镁砂致密性的影响 …… 90
5.1.1 $CeO_2$ 对烧结镁砂致密性能的影响 …… 90
5.1.2 $La_2O_3$ 对烧结镁砂致密性能的影响 …… 98
5.2 菱镁矿中加入添加剂对烧结镁砂致密性的影响 …… 106
5.2.1 钛酸正丁酯对烧结镁砂致密性的影响 …… 107
5.2.2 氧化钇对烧结镁砂致密性的影响 …… 112
5.2.3 氯化镁对烧结镁砂致密性的影响 …… 118
参考文献 …… 126

# 1 概 述

## 1.1 高密度烧结镁砂的概念

高密度烧结镁砂是指其体积密度应大于 3.40g/cm$^3$ 的一类镁质耐火原料。从制备烧结镁砂的原料来分，主要包括以含镁矿石为原料生产的镁砂和以海水或卤水为原料生产的镁砂。基于我国烧结镁砂生产现状，本书主要研究以菱镁矿为原料制备高密度烧结镁砂。

## 1.2 高密度烧结镁砂的特点

（1）MgO 纯度高。要制备出高密度的烧结镁砂，必然需要高纯度的 MgO。一般而言，高密度烧结镁砂对于 MgO 的纯度要求为不小于 97%。镁砂以方镁石晶相为主，纯度越高，杂质含量越少，方镁石晶粒直接结合程度越好，其在应用过程中的各项使用性能也会随之提高。

（2）体积密度高。体积密度是表征镁砂烧结程度和致密性的一个重要指标，MgO 的烧结是主晶相方镁石晶粒长大、体积收缩及晶格常数降低的过程。在耐火材料的发展过程中也采用过真密度表征烧结镁砂的致密性，但由于镁砂的真密度亦受其所含杂质成分而形成的化学矿物相影响，由此真密度并不如体积密度能更确切且真实反映镁砂的烧结程度。体积密度高的镁砂制品可抵抗熔渣的侵入，具有较好的抗渣侵蚀能力和较高的高温强度。体积密度在 3.40g/cm$^3$ 以上的高密度烧结镁砂，其性能和价格都远高于其他密度的镁砂制品。

（3）$CaO/SiO_2$ 摩尔比值高。高密度烧结镁砂的杂质含量比较少，其在 MgO 晶界之间会分布一些硅酸盐相，这些硅酸盐相的含量及熔点也会间接决定镁砂的质量。高密度烧结镁砂中 $CaO/SiO_2$ 摩尔比值一般大于 2，以便得到高熔点的矿物。此外，当 $CaO/SiO_2$ 比值较高时，硅酸盐相（主要为硅酸二钙）多会以孤立状态出现，而方镁石晶体则彼此直接结合，有利于提高镁砂制品的高温结构强度和耐侵蚀性。

（4）优良的显微结构。烧结镁砂的显微结构主要通过方镁石晶相的粒径大小、形状及分布和结合相等来评价其优劣。一般而言，高密度烧结镁砂中方镁石晶粒较大，晶粒主要呈具有较规则的多边形颗粒状几何外形。而且结合相和孔隙均处于方镁石晶粒交界处并呈孤立状，主晶相方镁石晶粒呈直接结合，这显著提高了方镁石晶粒的直接结合程度，是烧结镁砂的理想显微结构。这种显微结构的烧结镁砂所制成的镁质耐火材料具有优良的抗渣侵蚀性和较高的高温强度，可显著提高镁质耐火材料的使用寿命。

## 1.3 烧结镁砂的主要生产方法

### 1.3.1 菱镁矿直接煅烧法

菱镁矿直接煅烧法可分为一步煅烧法和两步煅烧法两种[1,2]。一步煅烧法是将一定粒度的菱镁矿，放入高温竖窑中直接进行高温烧结，使用焦炭或无烟煤等为燃料，烧后产品经过拣选即为烧结镁砂。采用这种方法生产的产品通常为低档镁砂，而且最终镁砂制品的体积密度仅在 $3.20g/cm^3$ 左右，体积密度相对较低，该方法目前已属于较为落后的技术。

二步煅烧法的工艺流程为：菱镁矿→多层炉、悬浮炉、沸腾炉等轻烧→细磨→压球成型→高温竖窑重烧→高纯镁砂。其中研磨工艺可以破坏轻烧氧化镁的“假晶”结构，同时降低氧化镁粉体的粒径，竖窑重烧温度一般在 1700°C 以上。该方法是目前我国采用菱镁矿生产高档烧结镁砂的主要工艺路线。要生产出高密度烧结镁砂，核心技术在于轻烧、细磨、成型及重烧几个步骤，明确各个步骤对烧结镁砂密度的作用机理，也是本书主要研究的内容。

### 1.3.2 菱镁矿铵浸法

菱镁矿铵浸法可以分为两种[3~6]，一种方法是将菱镁矿粉煅烧后，与 $(NH_4)_2SO_4$ 反应生成 $MgSO_4$，随后提纯 $MgSO_4$，再煅烧可以得到 MgO，最后经过压球、高温烧结制取镁砂。菱镁矿粉中的 CaO、$Fe_2O_3$、$Al_2O_3$ 和 $SiO_2$ 等杂质在 $MgSO_4$ 提纯过程中均会被过滤去除，因此得到的镁砂纯度较高。

另外一种方法是将轻烧后的 MgO 与 $NH_4Cl$ 溶液反应，反应后产生的氨用水吸收。反应后杂质会以沉淀形式留在渣中，溶液和废渣分离后，浸出液直接与回收的氨水反应形成 $Mg(OH)_2$，$Mg(OH)_2$ 再煅烧可以得到 MgO，最后可以直接通过成型及高温煅烧制备高纯镁砂。

利用上述两种铵浸法都可以得到高纯镁砂，其 MgO 纯度一般在 99.97% 以上，体积密度在 $3.41g/cm^3$ 以上。但是此方法对于 $(NH_4)_2SO_4$ 和 $NH_4Cl$ 消耗量较大，提高了生产成本，而且工艺流程长，实际生产中操作难度大，因此无法大规模工业化应用。

### 1.3.3 菱镁矿碳化法

菱镁矿碳化法[7~9]过程为：菱镁矿煅烧为氧化镁粉末后先经消化过程，再通入 $CO_2$ 进行碳化，过滤后加热水解为碱式碳酸镁沉淀，再经脱水干燥生成轻质碳酸镁，轻烧得到高活性氧化镁，粉末再经成型、高温锻烧后得到高纯镁砂。利用碳化法可以制得 MgO 纯度为 99.21%、体积密度高于 $3.38g/cm^3$ 的高纯度、高致密度镁砂。碳化法具有选择性强、回收率高、原料易得等优点，但生产设备投资大、生产流程长使得该方法无法普及。

## 1.4 烧结镁砂生产和利用的发展历程

### 1.4.1 国外烧结镁砂生产的发展和利用状况

从海水、卤水中提取镁是国外生产烧结镁砂的主要途径。现今世界上生产高纯度、高体积密度海水镁砂的企业包括荷兰的毕力顿耐火材料公司、以色列的死海方镁石公司、日本的宇部化学工业公司以及美国的道氏化学公司等。其中毕力顿耐火材料公司和死海方镁石公司是以苦卤和咸水做镁源，日本宇部化学和美国道氏化学是以海水为原料。海水或卤水镁砂的特征为 MgO 含量在 98%以上，体积密度在 $3.40g/cm^3$ 以上，但均含有一定的有害物质 $B_2O_3$。

美国有着丰富的镁资源[10,11]，包括海水、卤水、菱镁矿、白云石、水镁石等优质的海湖水及矿产资源。早在 1935 年，美国就从海水中制取氢氧化镁作为药品供应医药市场。1937 年 Dow 公司从高浓度地下卤水中首先制得镁砂供冶金行业应用。美国氧化镁有耐火级、轻烧级、电熔轻质工业级和轻质药用级等品种，其中耐火级氧化镁主要来自于卤水及海水，由于性能较好，主要应用在耐火材料和耐火砖领域。迄今为止，由于资源及经济的原因，美国对氧化镁及镁砂的需求主要依赖进口，尤其从中国进口大量低价位、低档次的氧化镁。

日本的镁砂生产原料几乎全部来自海水[12~14]。1949 年日本开始用竖窑生产耐火材料用海水镁砂，1953 年改用回转窑，生产能力达到了 500t/月。为了适应日本国内的大量需求，1958 年以后日本在各地设立了海水镁砂厂。到 1974 年，海水镁砂产量已经达到 68.8 万吨[15]。在技术方面，$B_2O_3$ 是海水镁砂生产的大敌，它使氧化镁的高温强度急剧下降。因此除硼技术一直是生产海水镁砂的关键。20 世纪 80 年代中期，日本用海水-石灰法生产的高纯镁砂，$B_2O_3$ 的含量（质量分数）一般在 0.03%左右。1984 年日本宇部化学工业公司利用特殊树脂除去海水中的有害杂质，生产出含 $w(MgO)=99.5\%$、$w(CaO)\leqslant 0.3\%$、$w(B_2O_3)\approx 0.005\%$、体积密度为 $3.43\sim3.47g/cm^3$ 的高纯度高密度海水镁砂[14]。其后，由于我国出口的氧化镁产品价格低廉，日本开始大量进口我国的氧化镁产品，其耐火级氧化镁中70%~80%进口自我国。由于进口氧化镁产品的冲击，日本国内生产镁质材料的企业锐减。即便如此，日本依然是少数掌握制备高纯度高密度海水镁砂技术的国家之一。

西欧有75%的镁砂是由菱镁矿和白云石制得，由海水制取的镁砂约占20%，由地下卤水制取的镁砂约占5%[16,17]。英国、爱尔兰和荷兰是由海水制取镁砂的最大生产国，而奥地利、希腊和西班牙是由天然菱镁矿制备重烧镁砂的最大生产国。西欧氧化镁总产量为150~160万吨/年，但轻质氧化镁产品不足25%[18]，其中奥地利是西欧氧化镁的最大生产国，约占西欧总生产能力的38%。西欧镁质资源虽然较为丰富，但其氧化镁也主要依靠进口，每年从其他国家进口的氧化镁约占45.1%。西欧氧化镁的主要用途是用作钢铁工业的炉衬，其次也用于饲料、建筑、肥料和镁金属方面。

东欧镁砂主要是由菱镁矿煅烧制取，90%以上为耐火级。以天然菱镁矿制取镁砂的最大生产国是俄罗斯。俄罗斯镁砖公司于2008年新建一条年生产能力达到了5万吨的致密烧结镁砂的生产线[19]。其工艺流程是：菱镁矿在回转窑内焙烧—球磨机细磨—辊压机制成料球—在高温竖窑内烧结—破碎和分级。所得到的致密烧结镁砂的特点是MgO含量高（质量分数为95%~96%），高密度（体积密度达到3.40g/cm$^3$），气孔率低，气孔小。另外，采用这种新工艺可减少40%的烟尘排放量，能够降低对工厂所在地区的污染，并能够得到化学组成稳定的产品，烧成产品不受原始材料质量波动的影响。

非洲和中东地区的伊朗、以色列和约旦等国家均以海水或天然矿为原料生产耐火级镁砂及其镁盐，主要是生产重烧氧化镁，轻质氧化镁产量甚微，生产能力约在40万吨/年。

由此可以看出，受资源、经济和政策的影响，国外氧化镁资源主要依靠进口，这也极大限制了他们本国的镁砂生产工艺的研发。近20年来，国外对于镁砂的研究（尤其以菱镁矿为原料）几乎停滞不前。但诸如日本、荷兰等少数国家依然掌握着利用海水或卤水生产高品质镁砂的技术。

### 1.4.2 国内烧结镁砂生产的发展和利用状况

我国镁资源非常丰富，固体资源有菱镁矿、水镁石、白云石矿和蛇纹石等，液体资源有海水、地下卤水和盐湖卤水等，为我国镁盐工业的发展提供了丰富的原料基础。20世纪70年代初期，我国已经开始研制海水和卤水镁砂，中科院青海盐湖所、洛阳耐火材料研究所、广西冶金试验研究所和化工部天津化工研究所等科研单位都做了大量的研究工作，最终试制出$w(MgO)=99.5\%$、$w(B_2O_3)<0.01\%$、体积密度高于3.40g/cm$^3$的高纯度高密度烧结镁砂[20~22]。但由于各种

原因，这项技术至今未能在我国实现工业化。因此，我国烧结镁砂的研发和生产主要建立在对菱镁矿开发与利用的基础上。

在我国利用菱镁矿生产烧结镁砂具有天然优势。我国菱镁矿资源储量丰富，已探明菱镁矿资源总储量约为36.42亿吨，占世界总储量的28.85%[23,24]。其中，晶质菱镁矿储量35.71亿吨，占全国总储量的98.05%；隐晶质菱镁矿储量0.71亿吨，占1.95%。我国菱镁矿资源分布高度集中，目前探明资源量主要分布于辽宁、山东、西藏、新疆、甘肃和河北等9个省区。辽宁省和山东省的菱镁矿探明资源量合计占全国总量的95%。其中辽宁省探明的资源量为35.16亿吨，占全国总量的86%；山东的菱镁矿已探明资源量为3.64亿吨，占全国总量的9%。全国共探明菱镁矿矿区27个，保有菱镁矿储量30.01亿吨。晶质菱镁矿主要分布在我国辽宁营口、山东莱州和河北邢台等地；而非晶质菱镁矿产地主要在内蒙、新疆、西藏及四川等地。

目前，我国烧结镁砂基本上是由菱镁矿煅烧制得。早在我国第一个五年计划期间（1953~1957），大石桥镁矿项目即被列入国家当时156个大型工程建设项目之一，为我国镁质耐火材料的发展奠定了基础。但当时生产烧结镁砂的工艺均是采用一步煅烧法，所生产镁砂虽然可满足当时转炉炼钢的初期发展需求，但总体而言，烧结镁砂生产工艺较落后，且镁砂质量不高。

1980年，为满足上海宝山钢铁公司建设需求，冶金工业部立项实施了“天然菱镁矿制取优质高纯镁砂新工艺技术及高温竖炉”攻关课题，在辽宁海城镁矿建设了一条5000t/a高纯镁砂中试生产线。针对我国显晶质菱镁矿难烧结特点，开发了菱镁矿轻烧、细磨、高压压球和重烧的“二步煅烧法”新工艺。该项目成功生产出了$w(MgO)=98\%$、体积密度达到$3.30g/cm^3$的烧结镁砂，取得了突破性进展，并在我国镁砂生产厂家获得了推广应用[25~27]。可以说，该工艺奠定了我国利用菱镁矿制备烧结镁砂的工艺格局，迄今为止，我国烧结镁砂一直主要采用该工艺生产。

随后几十年来，我国科研工作者一直在实验室开展烧结镁砂的高纯高致密化研究，从发表的文献资料看，取得了较丰硕的研究成果，但在工业生产中并未取得显著突破。直到2019年5月，辽宁省营口市政府与辽宁嘉晨集团联合对外发布，嘉晨集团高纯高密度烧结镁砂研发、投产成功，产品纯度高于98%，体积密度达到$3.42g/cm^3$[28]。由此，我国高密度烧结镁砂的研发和生产能力正式步入世界前列，一举摆脱我国烧结镁砂生产工艺落后、产品均为中低档的落后局面，辽宁嘉晨集团为我国镁砂发展做出了巨大贡献，成为了我国菱镁资源利用发展史上的标志性事件[29]。该工艺采用低品位菱镁矿粉反、正浮选，闪烁悬浮炉轻烧，细磨，高压成球及高温竖窑重烧的工艺路线，制备出的高密度烧结镁砂质量达到了世界领先水平。

当前，我国既是烧结镁砂生产大国和消耗大国，同时也是出口大国[30~33]。虽然目前我国生产的高密度烧结镁砂（体积密度>3.40g/cm$^3$）比例暂时较小，但期望在相关镁砂生产头部企业和科研机构的带动下，未来我国所生产的高密度烧结镁砂比例逐步上升。

## 1.5 我国烧结镁砂产业的未来发展方向

随着我国钢铁行业的逐步整合以及高品质钢冶炼过程对镁质耐火材料的要求越来越高，高纯高密度的烧结镁砂是其必然的发展方向。高密度烧结镁砂的利用：一方面可显著提高耐火材料的使用寿命，降低钢铁冶炼的生产成本；另一方面对于提高钢液的纯净度和钢材质量亦具有促进作用。

我国虽然菱镁矿资源丰富，但随着近几十年持续对高品位优质矿的集中开采，致使目前菱镁矿品位越来越低。尤其重要的是，囿于现有菱镁矿煅烧工艺的局限性，目前菱镁矿仅利用大于25mm的块矿，对于小于25mm的粉矿全部废弃。经过几十年的堆积，这部分废弃粉矿数量已十分庞大，占用了大量的土地，形成的粉尘也严重污染环境[34~39]。因此，利用低品位菱镁矿和废弃菱镁矿粉生产高密度烧结镁砂，也是未来镁砂行业发展的主要方向。

随着辽宁嘉晨集团在利用低品位菱镁矿生产高纯高密度烧结镁砂项目的成功实施，未来的主要工作是如何更进一步降低生产成本。或者从政策上进行补贴，或者从技术上进一步革新，或者从生产管理上进一步降耗增效，核心在于我国的烧结镁砂行业定要以此为契机，稳固和全面推广高密度烧结镁砂的生产和科研成果。这是我国迈入烧结镁砂研发和生产强国行列的良好机遇，更重要的是，菱镁矿资源是有限的，必须合理且高效利用，才能形成菱镁矿的良性可持续发展。

基于我国烧结镁砂的发展现状，高密度烧结镁砂的发展潜力巨大，虽然目前我国已围绕菱镁矿晶体结构、镁砂烧结机理及各工艺流程优化等方面开展了大量的科研工作，并已具备生产体积密度大于3.40g/cm$^3$的高密度烧结镁砂的能力，但仍有很多关键问题亟需解决。因此，未来可从以下方面进一步开展相关研究。

（1）低成本选矿技术的开发。基于我国菱镁矿品位越来越低，且废弃菱镁粉矿数量逐年增大的现状，将菱镁块矿直接煅烧制备氧化镁产品的时代必将逐步退出，选矿将成为制备高档烧结镁砂的必经之路。虽然目前采用反、正浮选的技术手段可以满足低品位和废弃菱镁矿的选矿需求，并达到较高的MgO纯度，但总体而言，目前的选矿成本占烧结镁砂点生产成本的比例相对偏高。较之前直接使用高品位优质菱镁矿生产烧结镁砂，显然增加了一项选矿工艺流程成本。因此，降低选矿成本，使高密度烧结镁砂整体存在可观经济效益，是大规模推广高密度烧结镁砂生产工艺的前提，也是未来的主要发展方向之一。

（2）镁砂烧结致密化机理的进一步细化。对于镁砂的烧结理论，一般认为氧化镁烧结初期以表面扩散为主，在烧结的中后期以晶界扩散为主，并耦合晶粒长大模型，获得其烧结动力学方程。该经典烧结理论模型至今已沿用三四十年，对于动力学模型中相关数据的准确性和烧结过程定量表述的精确性还可进一步加强，由此，则可在此基础上衍生创新工艺，提高其烧结速率和致密化程度，诸如考虑加压气氛烧结、活化烧结等。对于镁砂的致密化机理研究，目前普遍认为菱镁矿的“假晶”结构是影响后续氧化镁难以烧结致密化的主因，氧化镁烧结性能之间的差异在很大程度上取决于这种“假晶”结构的存在及其稳定性。现有工艺技术的核心也在于预先破坏这种“假晶”结构，诸如二次煅烧法中的细磨工艺、水化工艺等。未来的研究方向也应进一步创新相关理论和方法以消除或破坏菱镁矿“假晶”结构，从而使氧化镁具有更高的烧结活性、更致密化。

（3）生产设备的进一步革新。目前要生产出高密度烧结镁砂，在生产设备上投入较大。有效降低生产设备的制造成本和生产过程中的能耗成本，是全面推广高密度烧结镁砂生产的关键。一方面，设备生产厂家通过技术革新和批量生产，在诸如加热炉、细磨等设备方面降低成本；另一方面，通过优化轻烧炉和高温重烧窑炉的热效率、燃烧及能源结构，进一步节能降耗，给生产工艺带来经济效益和节能效益。

（4）添加剂在镁砂烧结中的作用。长期以来，镁砂烧结的研究均集中于方镁石晶粒自身烧结的长大，杜绝其他成分的参与，这是因为其他成分诸如 $SiO_2$、CaO、$Al_2O_3$ 及 $Fe_2O_3$ 等均对烧结镁砂的高温性能产生不利影响。但如能找到合适添加剂，如稀土类添加剂，其在烧结的过程中不产生液相，在后期的使用过程中，亦不对其高温性能产生不利影响，且能促进镁砂的高温烧结致密化，则对于该类添加剂的研究和应用具有重要的意义，相信这也是未来烧结镁砂的主要发展方向之一。

总体而言，为合理高效利用我国菱镁矿资源，研发和生产高品质高密度烧结镁砂是一项重要的工作。在其中还有很多相关理论和技术可进一步加强和创新，并为我国成为高密度烧结镁砂生产大国和强国提供有力的支撑。

## 参考文献

[1] 胡庆福. 我国轻质碳酸镁、轻质氧化镁生产现状及其发展［J］. 化工科技市场，2001，24（6）：19~22.

[2] 刘弘. 高纯镁砂的制取方法：CN101475323A［P］. 2009-07-08.

[3] 闫平科，张旭，赵永帅，等. 氯化铵浸出低品位菱镁矿试验研究［J］. 非金属矿，2016，39（4）：8~16.

[4] 白云山，肖艳，林书玉，等．菱镁矿制备高活性氧化镁及其活性递变规律研究［J］．非金属矿，2005，4：51~53.
[5] 欧腾蛟，卢旭晨，梁小峰，等．煅烧菱镁矿在氯化铵乙二醇溶液中的浸取动力学［J］．过程工程学报，2007，5：928~933.
[6] 王伟，顾惠敏，翟玉春，等．硫酸铵焙烧法从低品位菱镁矿提取镁及其反应动力学研究［J］．分子科学学报，2009，25（5）：305~310.
[7] 高洁，狄晓亮．氧化镁的发展趋势及其生产方法［J］．化工生产与技术，2005，12（5）：36~40.
[8] 章柯宁，张一敏，王昌安，等．从低品级菱镁矿中提取高纯氧化镁的研究［J］．武汉科技大学学报（自然科学版），2006，6：558~560.
[9] 章柯宁，张一敏，王昌安，等．碳化法从菱镁矿中提取高纯氧化镁的研究［J］．武汉科技大学学报（自然科学版），2004，4：352~353.
[10] 郭如新．美国氧化镁氢氧化镁生产现状及研发动向［J］．苏盐科技，2005，1：8~10.
[11] 郭如新．美国氧化镁、氢氧化镁生产应用与研发动向［J］．苏盐科技，2002，4：3~6.
[12] 王晓阳．日本耐火材料用原料［J］．国外耐火材料，2004，5：6~10.
[13] 郭如新．日本镁盐生产现状及发展前景［J］．海湖盐科技资料，1999，12：1~17.
[14] 郭如新．日本氧化镁、氢氧化镁生产应用与研发动向［J］．苏盐科技，2003，2：8~10.
[15] 李楠．团聚氧化镁粉料压块的烧结机理与动力学模型［J］，硅酸盐学报，1994，22（1）：77~82.
[16] 郭如新．西欧氧化镁氢氧化镁生产应用与研发简况［J］．苏盐科技，2002，1：4~6.
[17] 吴玉华．国外氧化镁的供需情况及市场预测［J］．国外耐火材料，1999，7：3~15.
[18] 王路明．制备高纯氧化镁工艺降钙问题探讨［J］．海湖盐与化工，2003，32（4）：30~33.
[19] 程庆先．制备高密度镁砂新工艺［J］．新型耐火材料，2010，（1）：35~37.
[20] 王继东．我国镁盐资源与开发利用概述［J］．柴达木开发研究，1991，4：51~53.
[21] 王毓芳，朱田根，孙国清．过碱法制备低硼海水镁砂［J］．无机盐工业，1981，6：16~21.
[22] 徐丽君，于廷芳，于银亭，等．关于我国海水（含卤水）镁砂的研究与开发［J］．海湖盐与化工，1999，1：18~22.
[23] 张辛亥，胡震，薛韩玲，等．$Mg(OH)_2$ 改性防灭火膏体流变特性研究［J］．矿业安全与环保，2020，47（6）：54~58.
[24] 张子英，赵瑞，柴俊兰，等．菱镁矿的加工利用现状及建议［C］．2019 年全国耐火原料学术交流会论文集，2019：32~37.
[25] 钟香崇．中国耐火材料的发展［J］．硅酸盐通报，1997，（4）：43~50.
[26] 郭如新．镁盐生产应用现状及控制开发动向［J］．海湖盐科技资料，2001，（3）：1~3.
[27] 高洁，狄晓亮，李昱昀．氧化镁的发展趋势及其生产方法［J］．化工生产与技术，2005，12（5）：36~40.

[28] 辽宁营口民企实现世界首创：从菱镁矿提炼出高纯度高密度镁砂［EB/OL］. 中国日报网，2019. 05. 17. https：//cnews. chinadaily. com. cn/a/201905/17/WS5cde7bd3-a310e7f8b157d524. html
[29] 嘉晨集团“高纯镁砂关键集成技术”科技成果已达到国际领先水平［EB/OL］. 2019. 09. 17. http：//www. jiachengroup. cn/newsinfo. php? id=253.
[30] 王雪梅，杨文东. 欧美国家镁砂进口状况及中国镁砂出口前景［J］. 国外耐火材料，1997，1：3~7.
[31] 王恩慧，全跃. 浅谈镁质耐火行业的世界贸易和加入 WTO 后应采取的措施［J］. 国外耐火材料，2001，2：63~66.
[32] 鲍荣华，郭娟，许容，等. 中国菱镁矿开发居世界重要地位［J］. 国土资源情报，2012，12：25~30.
[33] 印万忠. 轻烧粉、重烧粉、电熔镁砂生产现状及发展建议［C］. 中国无机盐工业协会钙镁盐分会镁盐专家和理事扩大工作会议论文专集，2010：34~40.
[34] 何勇，姜明. 我国菱镁矿资源的开采利用现状及存在的问题［J］. 耐火与石灰，2012，37（3）：25~28.
[35] 邸素梅. 我国菱镁矿资源及市场［J］. 非金属矿，2001，24（1）：5~7.
[36] 李志坚. 对辽宁省镁质耐火原料的思考［J］. 耐火材料，2011，45（5）：382~385.
[37] 陈庆明，魏同. 中国镁质耐火原料的发展现状和展望［J］. 耐火材料，2013，47（3）：210~214.
[38] 滕青. 低品位菱镁矿石细菌预处理反浮选脱硅及综合利用研究［D］. 北京：北京科技大学，2018.
[39] 王伟. 低品位菱镁矿和硼泥绿色化高附加值利用的研究［D］. 沈阳：东北大学，2009.

# 2 原料性质对烧结镁砂致密性的作用

菱镁矿作为一种碳酸镁矿物，是镁质耐火材料的主要原料来源之一。由于成矿条件不同，菱镁矿一般分为显晶质菱镁矿（晶质菱镁矿）和隐晶质菱镁矿（非晶质菱镁矿）两种。显晶质菱镁矿具有完全的解理，一般呈菱形六面体、柱状、板状、粒状、致密状和纤维状等；隐晶质菱镁矿为凝胶结构，常呈泉华状，没有光泽，没有解理，具有贝壳状断面[1,2]。菱镁矿的结构不同，其烧结机理也会有很大的差异，本书所述烧结镁砂的制备原料主要是产自辽宁地区的显晶质菱镁矿。

## 2.1 轻烧温度对烧结镁砂致密性的影响

工业上由菱镁矿生产烧结镁砂的工艺步骤一般为二步煅烧法，即菱镁矿→轻烧→轻烧氧化镁→成型→高温烧结→烧结镁砂。在这个工艺过程中，天然菱镁矿一般会先通过浮选、热选后放入到煅烧炉中进行煅烧制得轻烧氧化镁粉体，作为烧结镁砂的直接原料[3]。由于较高的轻烧温度会降低轻烧氧化镁的活性，从而影响烧结镁砂的致密性。因此，有必要对轻烧温度进行相关研究。

### 2.1.1 轻烧温度对 MgO 粉体物相和显微结构的影响

图 2-1 为不同轻烧温度制备的 MgO 粉体物相衍射图谱。其中，原料为辽宁地区的显晶质菱镁矿，平均粒度为 43.7μm，化学成分见表 2-1。

**表 2-1 晶质菱镁矿的化学成分**（质量分数） （%）

| MgO | $SiO_2$ | $Al_2O_3$ | $Fe_2O_3$ | CaO | I. L. |
|---|---|---|---|---|---|
| 47.03 | 0.26 | 0.06 | 0.27 | 0.66 | 51.72 |

由图 2-1 可以看出，当轻烧温度分别为 750℃ 和 800℃ 时，粉体的主相为 MgO 相，其次还出现了 $CaCO_3$ 相和 $CaMg(CO_3)_2$ 相。由于白云石相主要赋存于菱镁矿内部，较低的轻烧温度或较短的轻烧时间无法使部分大颗粒菱镁矿完全分解。而当轻烧温度提高到 850℃ 时，白云石相分解完全，但由于 MgO 相的衍射峰强度过大，杂质相（如 CaO、$SiO_2$ 等）的峰并不明显。

菱镁矿粉经轻烧后得到的氧化镁粉体是一种多孔的方镁石微晶聚集体，如

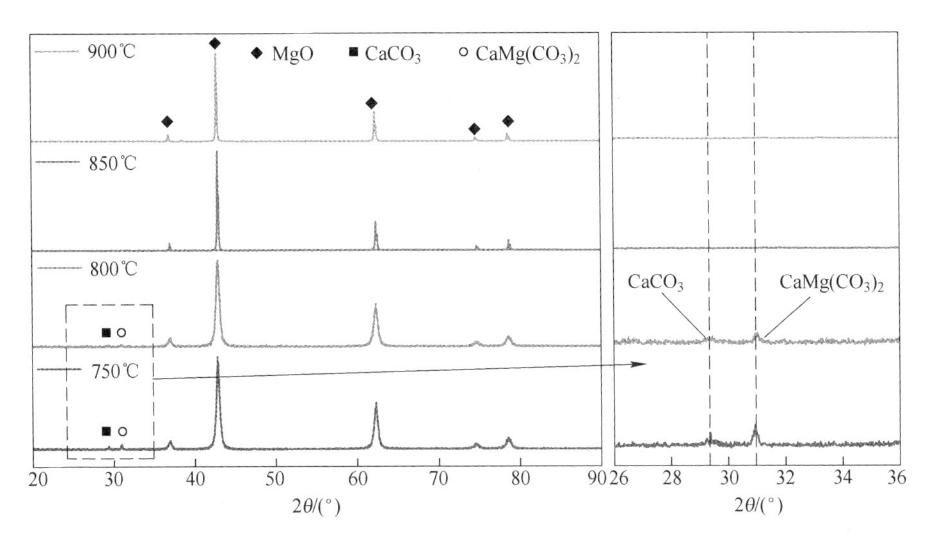


图 2-1　不同轻烧温度下 MgO 粉体的物相分析

图 2-2 所示，虽然轻烧温度不断提高，但制备的 MgO 粉体外形尺寸和表面结构没有明显的区别，MgO 颗粒多呈无规则形状且粒径大小不一。在轻烧时，分解反应由表面向内部进行。在反应界面，MgO 不断地成核—长晶，放出 $CO_2$ 气体，最后形成由无数 MgO 微晶组成的保留着原盐结晶形貌的团聚体[4]，这种保留原盐形貌特征的结构也称为“假晶”结构。在菱镁矿的分解过程中，MgO 微晶在晶体内部团聚生长，形成较为完整的晶体结构，晶格畸变很小。

### 2.1.2　轻烧温度对镁砂致密性及微观结构的影响

利用不同轻烧温度制备的 MgO 粉体在 300MPa 下成型，并在 1600℃下高温烧结制备出烧结镁砂，其致密化程度如图 2-3 所示。当轻烧温度由 750℃升至 850℃时，烧结镁砂的致密性略有提高。其中，当轻烧温度为 850℃时，烧结镁砂的致密化程度达到最高，体积密度为 2.86g/cm$^3$，开孔隙率为 17.3%。当轻烧温度较低时，MgO 粉体中含有少量的白云石相。在高温烧结过程中，白云石相会分解产生 $CO_2$，从而在坯体内部制造出更多的孔隙，不利于镁砂烧结致密化进程。然而，当轻烧温度为 900℃时，烧结镁砂的致密化程度反而有所降低，这是由于轻烧温度过高降低了 MgO 粉体活性，进而降低了烧结过程中物质迁移的速率，影响了镁砂烧结致密化的进程。尽管轻烧温度对于烧结镁砂的致密化程度有所影响，但烧结镁砂的体积密度最高也只达到了 2.86g/cm$^3$，远低于国际市场对于高档烧结镁砂的要求（≥3.40g/cm$^3$）。这说明仅通过改变轻烧温度无法大幅度提高烧结镁砂的致密度。

图 2-4 为不同轻烧温度的 MgO 粉体制备的烧结镁砂断面微观结构。可以看

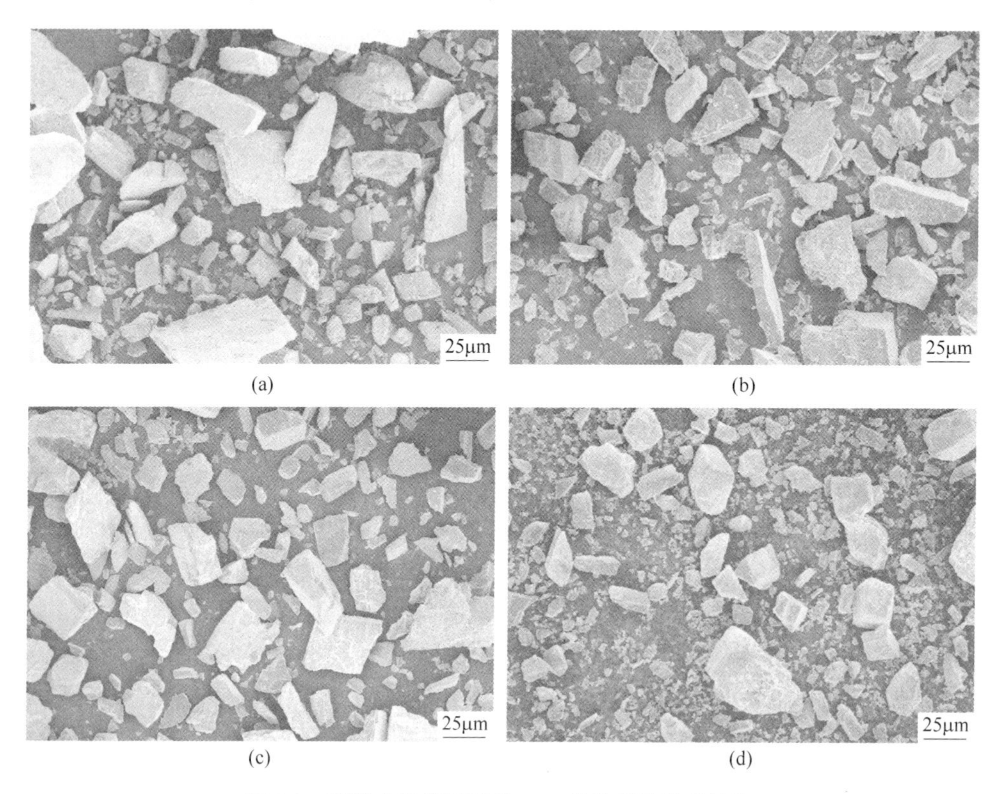


图 2-2　菱镁矿煅烧得到的 MgO 粉体颗粒微观结构

（a）750℃；（b）800℃；（c）850℃；（d）900℃

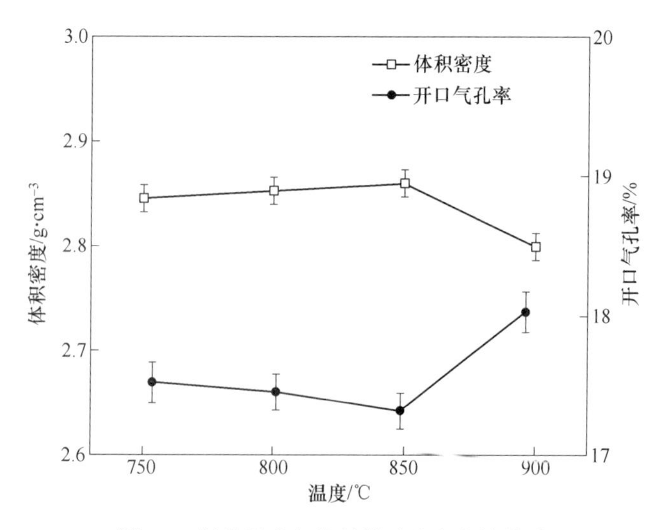


图 2-3　轻烧温度与烧结镁砂致密度的关系

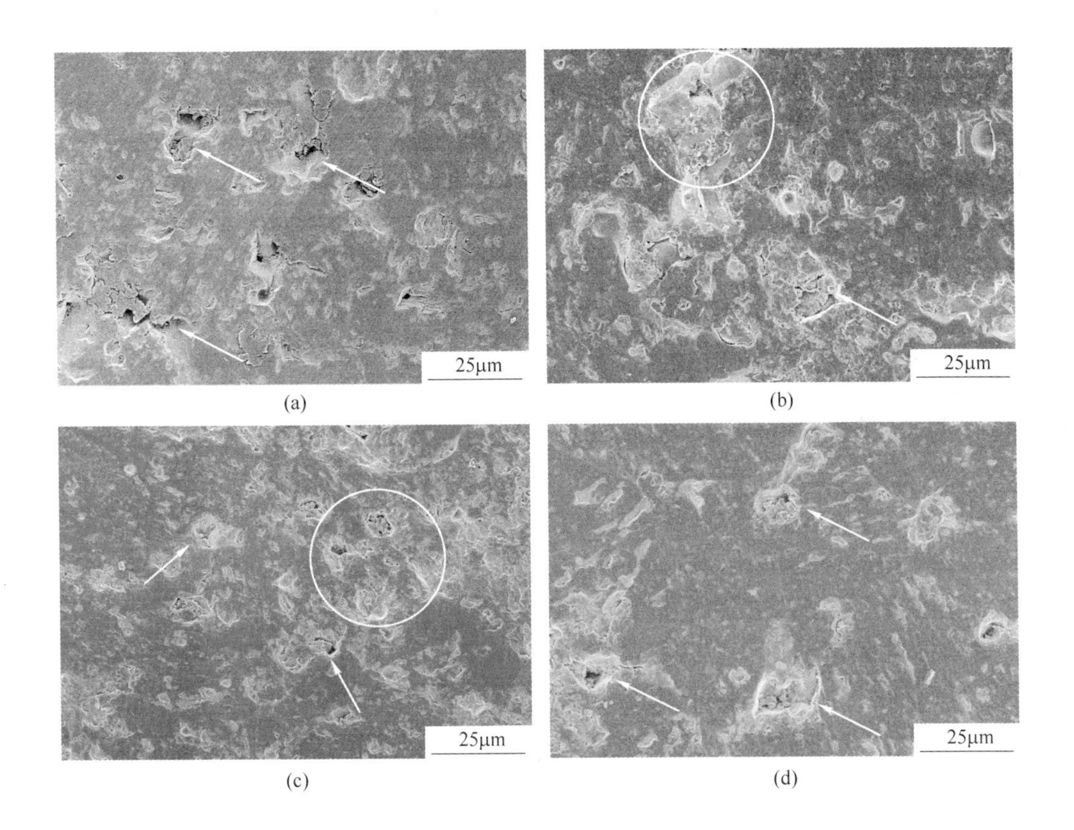


图 2-4 不同轻烧温度的 MgO 粉体制备的烧结镁砂微观结构图
(a) 750℃; (b) 800℃; (c) 850℃; (d) 900℃

出，烧结镁砂中含有大量的孔隙以及微裂纹等缺陷。这些缺陷主要分布在 MgO 晶粒之间，是影响烧结镁砂致密化的主要原因。如前文所述，每一个 MgO 粉体颗粒都是由无数 MgO 微晶聚集形成的具有“假晶”结构的团聚体颗粒。这种团聚体颗粒并非完全致密，MgO 微晶之间有孔隙存在，因此这种颗粒具有很高的烧结活性。李楠[5]研究认为这种带有“假晶”结构的团聚体颗粒在压块烧结时会快速收缩并重排，从而形成孔隙，是阻碍镁砂烧结致密化的重要原因。如图 2-5 所示，在成型后的坯体内部，若 MgO 颗粒与周围粉体颗粒之间接触应力较小，其烧结时会迅速收缩并重排，从而在颗粒周围产生孔隙。但是，若 MgO 颗粒与其他颗粒之间因应力相互接触，相接触的粉体颗粒会在温度的作用下形成“颈部”，粉体颗粒之间不再相对移动，而是一起收缩并重排。在烧结后期，虽然可以通过 MgO 晶粒的长大及迁移，使部分孔隙排出坯体外，但仅靠高温烧结的作用无法完全消除所有孔隙。尤其是团聚体颗粒收缩重排形成的较大孔隙，在烧结后会形成图 2-4 所示面积较大的缺陷。根据粉末成型理论，粉体颗粒粒径越大，其成型后颗粒间的接触面积越小，接触应力也越小。因此，大颗粒粉体烧结时很容易形成较大孔隙、微裂纹等缺陷。基于以上分析可知，降低轻烧后 MgO 粉体颗粒粒度可能会有效避免大孔隙、微裂纹等缺陷的产生，从而提高烧结坯体的致密化程度。

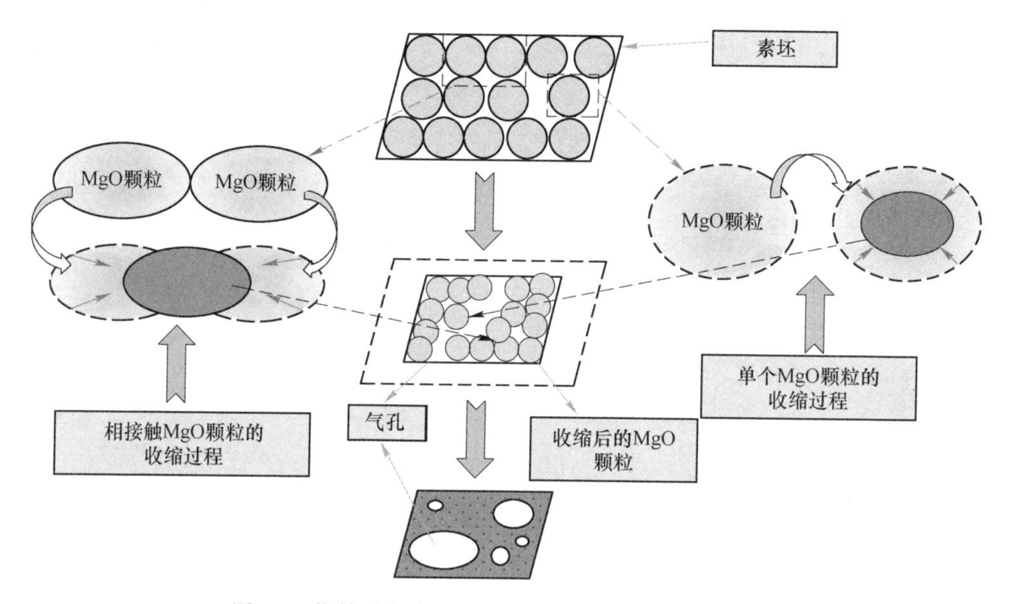


图 2-5　烧结过程中 MgO 颗粒收缩及孔隙形成示意图

## 2.2　MgO 粉体粒度对烧结镁砂致密性的影响

烧结镁砂的致密度化程度无法大幅度提高，其根本原因在于“假晶”结构。如前文所述，仅靠改变轻烧温度无法破坏这种“假晶”结构，最终也不能提高烧结镁砂的致密性。因此，破坏 MgO 的“假晶”结构、提高 MgO 粉体颗粒的活性是改善烧结镁砂致密性的一个重要途径。

细磨是一个将机械能转化为化学能的过程，在细磨过程中 MgO 颗粒的“假晶”结构会被破坏。同时，通过细磨也可以使 MgO 颗粒获得较大的比表面积，这对于镁砂的烧结和致密过程具有重要作用。本节以表 2-1 所示晶质菱镁矿粉为原料，在 850℃下轻烧 1h 得到 MgO 粉体。利用球磨的方式对轻烧 MgO 粉体进行细磨，以粉体平均颗粒粒度为细磨程度标准，分析介绍了其对烧结镁砂致密性能的影响。

### 2.2.1　细磨对 MgO 粉体的影响

将晶质菱镁矿粉在 850℃下煅烧 1h 得到的 MgO 粉体粒度分布特性如图 2-6

(a) 所示，MgO 粉体的平均粒度为 37.9μm。然后将 MgO 粉体在行星式球磨机上进行球磨，其结果如图 2-6 (b) 所示。从图 2-6 (b) 中可以看出，延长球磨时间可以有效降低 MgO 粉体粒度，根据不同球磨时间得到的 MgO 粉体平均粒度分别为：26.9μm、19.6μm、14.2μm、7.45μm、4.85μm、3.74μm、2.97μm、2.07μm 和 2.47μm。由于球磨时间较长，部分较细的 MgO 粉体颗粒重新团聚在一起，形成了粒径较大的 MgO 颗粒。因此，虽然球磨时间提高到了 600min，但 MgO 粉体的粒径出现了不降反增的现象。

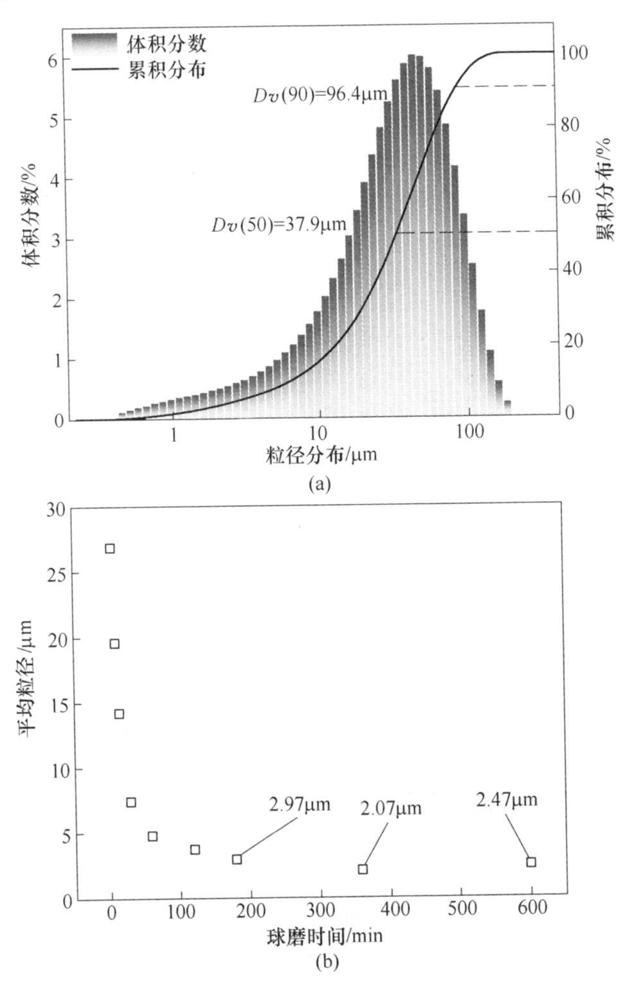


图 2-6 MgO 粉体的粒径分布 (a) 及球磨后粉体的平均粒径 (b)

对 MgO 粉体的细磨过程主要是依靠磨球对粉体的不断摩擦和撞击，最终细化了 MgO 粉体颗粒的粒径。虽然粉体中会携带少量的 CaO、$SiO_2$ 和 $Al_2O_3$ 等杂质相，但球磨过程很难促使这些氧化物之间发生化学反应。因此，球磨不会改变

MgO 粉体的主要物相，如图 2-7 所示。此外，MgO 相的（200）及（220）晶面都表现出双峰结构，随着粉体粒度的改变，两个晶面的位置及峰的宽度都没有明显的变化。这表明球磨过程仅降低了 MgO 粉体的粒径，没有引起 MgO 相的晶格畸变。

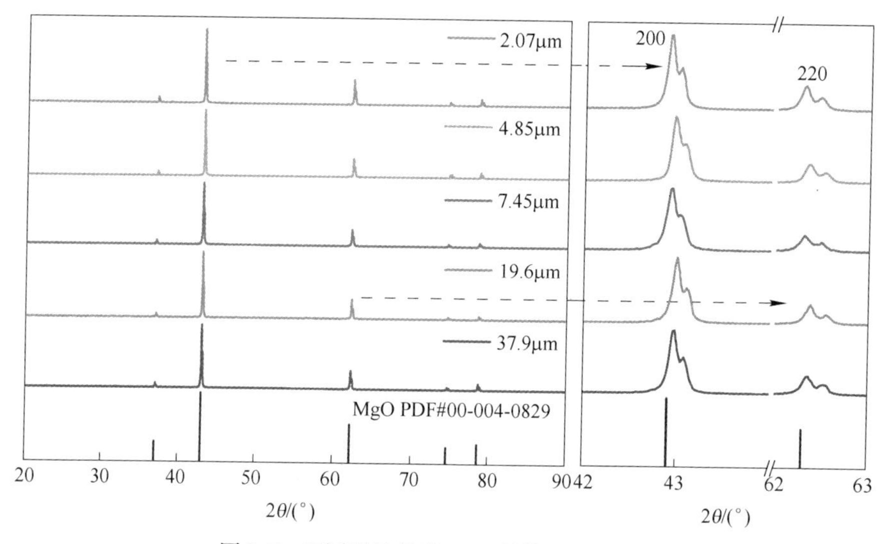


图 2-7 不同平均粒度 MgO 粉体的物相分析

图 2-8 示出了球磨后的不同粒度 MgO 粉体的微观结构图。可以看出，MgO 颗粒在球磨的作用下粒径不断减小，但颗粒的形貌特征没有发生明显的变化，依然是由大量 MgO 微晶形成的团聚体。同时由于球磨的作用，出现了大量小粒径 MgO 粉体颗粒，这些小颗粒粉体彼此团聚在一起或黏附在较大颗粒上，形成了新的团聚体颗粒（图 2-8（d））。MgO 粉体在球磨的过程中会受到玛瑙球的冲击力和剪切力，从而在 MgO 微晶间连接“颈”处发生断裂，较大粒径的 MgO 颗粒变为小颗粒，而且在与玛瑙球摩擦过程中 MgO 颗粒的外形也会逐渐趋于圆形。

### 2.2.2 细磨对烧结镁砂致密性及微观结构的影响

利用不同粒度 MgO 粉体经高温烧结制备了烧结镁砂，其致密性如图 2-9 所示。可以看出，MgO 粉体粒径和烧结温度都是影响烧结镁砂体积密度的重要因素。其中，烧结镁砂的体积密度与 MgO 粉体粒径呈显著的指数相关关系，即随着粉体粒径的降低，烧结镁砂的体积密度不断增大；此外，当粉体粒径较大时，提高烧结温度也有利于镁砂体积密度的提高。只有烧结温度在 1500℃以上，MgO 粉体平均粒径在 3μm 以下时，烧结镁砂的体积密度才能达到甚至超过 3.40g/cm$^3$。随着粉体粒径进一步降低，烧结镁砂的体积密度最高可达到 3.46g/cm$^3$。结果表明，MgO 粉体粒度是影响烧结镁砂致密化的一个重要因素，粉体粒度越小，烧结

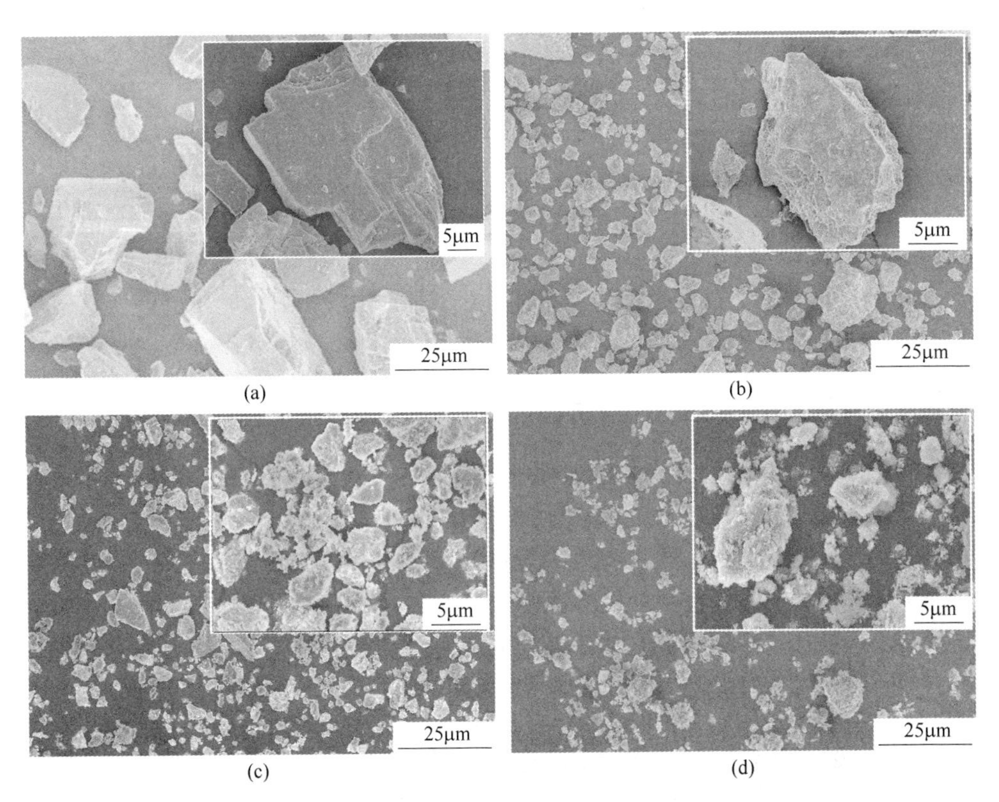


图 2-8　球磨法制备的不同粒度 MgO 粉体微观结构

（a）37.9μm；（b）7.45μm；（c）2.99μm；（d）2.07μm

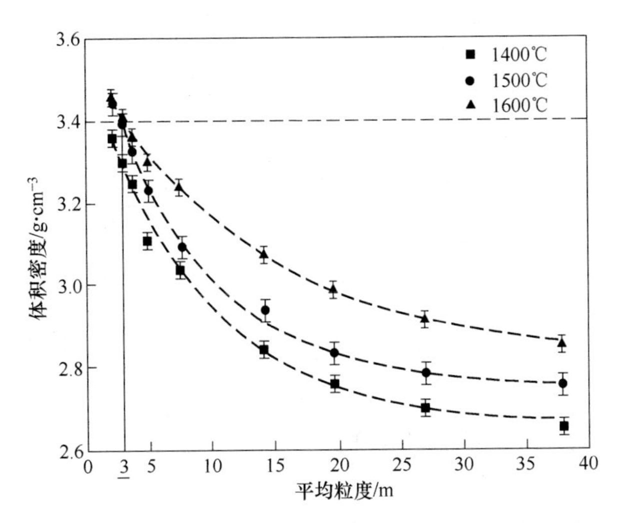


图 2-9　MgO 粉体平均粒度对烧结镁砂体积密度的影响

镁砂的体积密度越大。在固相烧结中，细颗粒可以增加烧结的推动力，缩短原子扩散距离，因此可以加快烧结致密化进程。大颗粒原料在很长时间内不能充分烧结，而小颗粒原料在同样的时间内致密化程度很高。因此，利用较细的 MgO 颗粒在 1500℃下烧结，同样可以得到体积密度在 3.40g/cm$^3$以上的烧结镁砂。

此外，如前文所述，MgO 颗粒的团聚体结构特性也是影响镁砂烧结致密化的重要原因。如图 2-10 所示，较粗颗粒粉体成型后，坯体内部颗粒间存在大量的孔隙和裂纹；而细颗粒粉体成型后颗粒间紧密排列，裂纹较少。MgO 粉体的刚性较强，在成型后，粉体颗粒间不会因变形而紧密排列。因此粉体颗粒粒径越小，粉体在成型后颗粒间的接触面积及接触应力也越大。在烧结过程中，这些颗粒会一起收缩重排，MgO 微晶间的内孔最先被排出而消失，然后颗粒间的孔隙会随着 MgO 晶粒的长大及晶界迁移而被排出，最终形成较少内部缺陷的致密烧结镁砂。然而，由于球磨过程不能完全破坏 MgO 粉体颗粒的“假晶”结构，这些带有“假晶”结构的颗粒依然是阻碍烧结镁砂致密化的重要因素，它限制了烧结镁砂体积密度的上限。因此，虽然 MgO 粉体的平均粒度降到 2.07μm，在 1500℃下可达到 3.44g/cm$^3$，但提高烧结温度到 1600℃后，烧结镁砂的体积密度也没有明显提升。

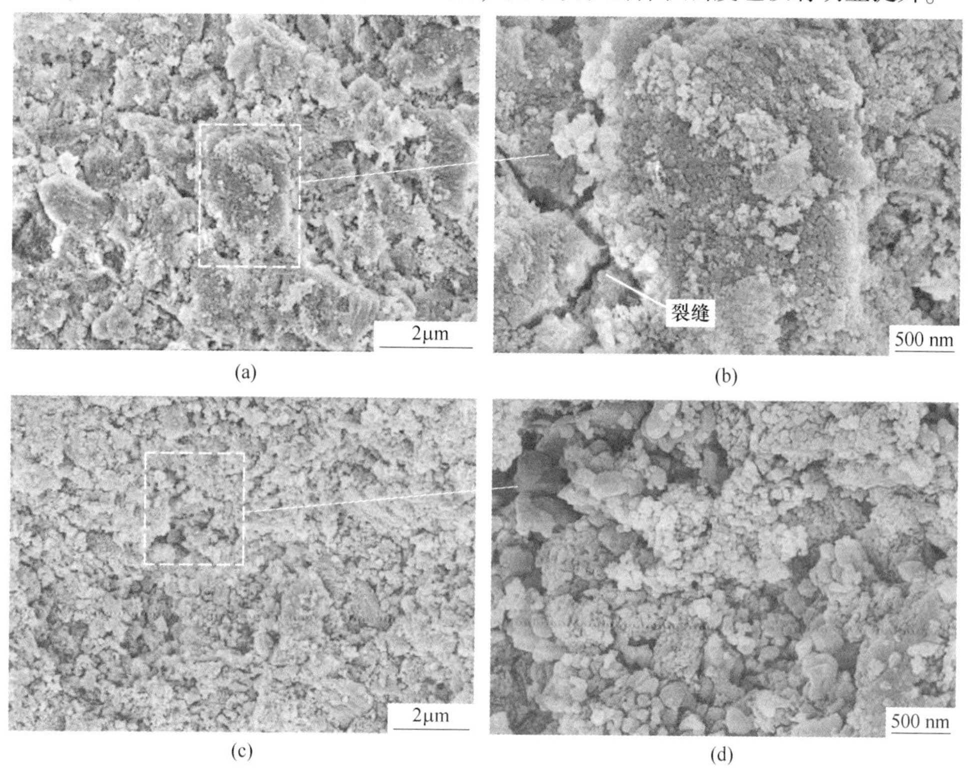


图 2-10　成型坯体内部 MgO 颗粒堆积微观形貌

（a）7.45μm；（b）2.99μm

图 2-11 为不同粒度 MgO 粉体在不同烧结温度下制备的烧结镁砂的断面微观结构图。可以看出，烧结体中存在的缺陷主要为 MgO 晶粒间的孔隙和微裂纹。随着烧结温度的提高或 MgO 粉体粒径的减小都会减少缺陷的形成数量。在 1400℃时（图 2-11（a）~（c）），烧结镁砂中的 MgO 晶粒尺寸较小，晶粒间也分布有大量孔隙和微裂纹；当烧结温度升高到 1500℃时（图 2-11（d）~（f）），相同粉体粒度下，MgO 晶粒尺寸有所增大，晶粒间的孔隙和微裂纹数量明显下降；当烧结温度为 1600℃时（图 2-11（g）~（i）），MgO 的晶粒尺寸显著增加。尤其利用平均粒度为 2.07μm 的 MgO 粉体制备的烧结镁砂中，MgO 的晶粒发育更加完整，最大晶粒尺寸已经超过 40μm。结果表明，烧结镁砂中的 MgO 晶粒尺寸及缺陷分布与 MgO 粉体的粒径及烧结温度均密切相关，降低粉体的粒度和提高烧结温度都可以减少烧结镁砂中孔隙、微裂纹等缺陷的数量，显著促进 MgO 晶粒的发育及长大。

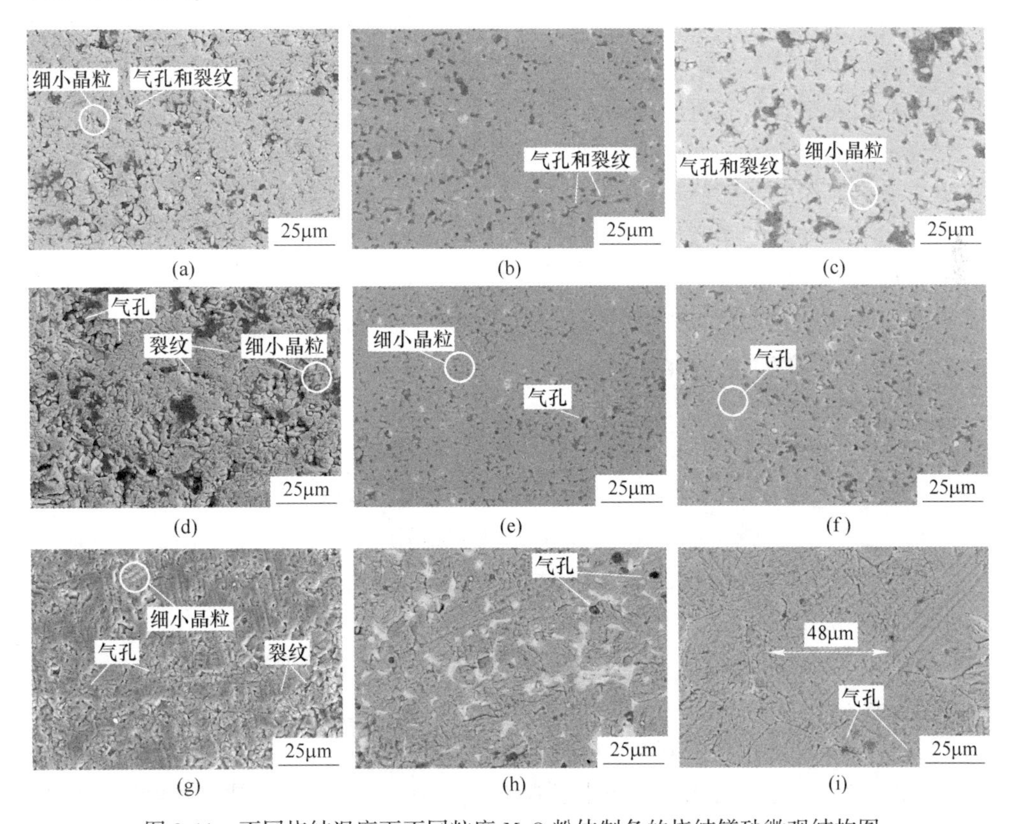


图 2-11 不同烧结温度下不同粒度 MgO 粉体制备的烧结镁砂微观结构图

1400℃：（a）7.45μm；（b）2.99μm；（c）2.07μm

1500℃：（d）7.45μm；（e）2.99μm；（f）2.07μm

1600℃：（g）7.45μm；（h）2.99μm；（i）2.07μm

在烧结过程中，随着 MgO 晶粒的长大，烧结体的孔隙配位数减少，烧结体的体积密度会极大提高。在这个过程中，MgO 晶粒开始以颈部膨胀的形式结合，在界面能的作用下，晶界迁移和晶粒长大过程同时进行。当晶界具有足够的界面能时，晶界穿越孔隙并将孔隙包裹在晶粒内部，形成晶内孔。当孔隙尺寸较大时，晶界的移动受到孔隙的阻碍，晶界将会移动一段距离后停止。这时被晶界推动的孔隙在两个或三个晶界的交界处汇聚成较大的孔隙。如图 2-11 所示，在较低的烧结温度下（1400℃和 1500℃），由于烧结驱动力较小，烧结镁砂中存在大量的孔隙和微裂纹；当烧结温度提高至 1600℃时，由于晶界的迁移，大量小孔隙跟随 MgO 晶界一起迁移到三晶或两晶交界处形成少量的较大孔隙（图 2-11（h）），而且 MgO 晶粒尺寸也随着 MgO 晶界的迁移不断长大（图 2-11（i））。

### 2.2.3　MgO 晶粒生长动力学分析

晶粒的生长是晶界迁移的结果，其实质是晶体结构基元向晶界面沉积的过程。晶界两边物质的自由能之差 $\Delta G$ 是驱使晶界向曲率中心移动的动力。一般采用速率关系式来表示晶粒生长动力学方程[6]：

$$G^n - G_0^n = k_0 t\exp(-Q/RT) \tag{2-1}$$

式中　$G_0$——原始晶粒的平均尺寸；

$G$——在温度 $T$(K) 下烧结 $t$ 小时后，晶粒的平均尺寸；

$k_0$——常数；

$n$——晶粒生长指数；

$Q$——晶粒生长活化能；

$R$——气体常数；

$T$——绝对温度。

一般情况下，由于 $G_0$ 远小于 $G$，因此也可将式（2-1）写为：

$$G^n = k_0 t\exp(-Q/RT) \tag{2-2}$$

通过式（2-2）可以看出，晶粒的尺寸和烧结温度、烧结时间以及晶粒生长活化能都有密切的关系。

将式（2-2）两边同时对 $t$ 求导数，可以得出晶粒生长速率（$\mathrm{d}G/\mathrm{d}t$）与 $n$ 和 $G$ 的关系式：

$$\mathrm{d}G/\mathrm{d}t = k_0\exp(-Q/RT)/nG^{n-1} \tag{2-3}$$

由式（2-3）可以看出，晶粒生长速率（$\mathrm{d}G/\mathrm{d}t$）与 $n$ 及 $G^{n-1}$ 的乘积呈反比关系。即 $n$ 值越大，则晶粒生长速率越小；$Q$ 值越小，则晶粒生长速率越大。

$n$ 值的大小在一定程度上反映了 MgO 晶粒生长过程的传质机理。本节所述实验的烧结温度间隔较小（1400~1600℃），因此可以假定系统中的传质机理不变，即 $n$ 值不随烧结温度变化而变化。黄琼珠等[7]在对高纯镁砂的烧结动力学进行深入研究后，发现当原料中 MgO 的纯度较高时，烧结过程中晶粒生长指数为 3。本实验所采用的原材料为纯度很高的菱镁矿，因此可直接采用文献中的 $n$ 值为 3 结论进行动力学分析。

由式（2-2）可得：

$$G^n/t = k_0\exp(-Q/RT) \tag{2-4}$$

对式（2-4）两边取对数，可得：

$$\ln(G^n/t) = \ln k_0 - (Q/RT) \tag{2-5}$$

由此可以看出，式（2-5）应为一条 $\ln(G^n/t)$ 对（$1/T$）的直线，通过计算斜率可求得 MgO 晶粒的生长活化能。

利用图像处理软件分别对平均粒度为 2.99μm 和 7.45μm 的 MgO 粉体制备的烧结镁砂（1400℃、1500℃和 1600℃）的微观结构图进行晶粒尺寸测量。测量方法为线性截距法（linear intercept method），其结果见表 2-2。

**表 2-2 MgO 平均晶粒尺寸**

| MgO 粉体粒度/μm | 试样中 MgO 晶粒的平均尺寸/μm | | |
|---|---|---|---|
| | 1400℃ | 1500℃ | 1600℃ |
| 7.45 | 2.01 | 3.47 | 6.83 |
| 2.99 | 5.17 | 7.68 | 13.25 |

将表 2-2 中的数据对应式（2-5），进行线性回归和最小二乘法处理，即可得到 $\ln(G^n/t)$ 与（$1/T$）$\times10^{-4}$的关系图，如图 2-12 所示。

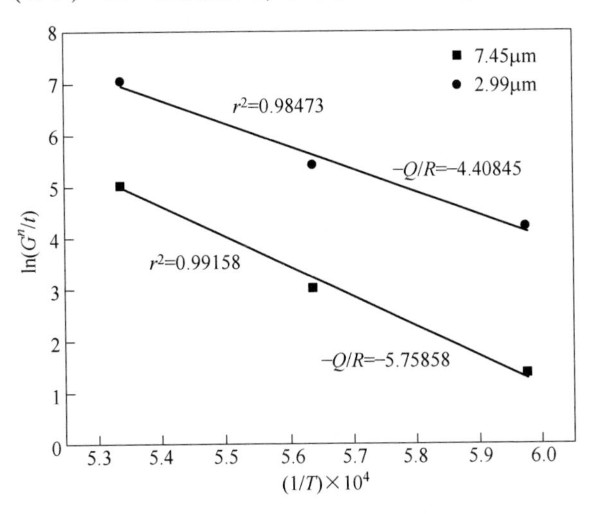


图 2-12 $\ln(G^n/t)$ 与（$1/T$）$\times10^{-4}$的关系图

由图 2-12 中直线斜率 $-(Q/R)$ 可分别求得 MgO 晶粒生长活化能，粉体粒度为 7.45μm 时，$Q=478.8\text{kJ/mol}$；粉体粒度为 2.99μm 时，$Q=366.5\text{kJ/mol}$。由此可以得出两个体系下的 MgO 晶粒生长动力学方程如下：

粉体粒度为 7.45μm 时：

$$G^3 = k_0 t\exp(-478.8/RT) \tag{2-6}$$

粉体粒度为 2.99μm 时：

$$G^3 = k_0 t\exp(-366.5/RT) \tag{2-7}$$

可以看出，MgO 粉体粒度较小时，MgO 晶粒的生长活化能明显较小。即降低 MgO 粉体粒度有利于提高 MgO 晶粒生长速度。

## 2.3　$CaO/SiO_2$ 质量比值对烧结镁砂致密性的影响

天然菱镁矿的主要化学组成是 $MgCO_3$，其次还会含有少量的 CaO、$SiO_2$、$Fe_2O_3$、$Al_2O_3$ 等杂质成分，这些杂质成分所占组分达到一定量后会对镁砂的烧结性能产生较大的影响。其中 $CaO/SiO_2$ 质量比值是直接影响镁质材料性能的一个重要因素。CMS 的熔点较低，耐火性能最差；$C_3MS_2$ 次之；$M_2S$ 和 $C_2S$ 是高熔点相，见表 2-3。这说明 $CaO/SiO_2$ 质量比值是影响镁质材料各项耐高温性能的关键参数。

**表 2-3　MgO-CaO-$SiO_2$ 系统中与方镁石共存的矿物[8]**

| $CaO/SiO_2$ 质量比 | 存在的矿物 | 化学组成 | 简写 | 熔点或分解温度/℃ |
|---|---|---|---|---|
| <0.33 | 镁橄榄石 | $2MgO \cdot SiO_2$ | $M_2S$ | 1890 |
|  | 钙镁橄榄石 | $CaO \cdot MgO \cdot SiO_2$ | CMS | 1498 |
| 0.93 | 钙镁橄榄石 | $CaO \cdot MgO \cdot SiO_2$ | CMS | 1498 |
| 0.93~1.40 | 钙镁橄榄石 | $CaO \cdot MgO \cdot SiO_2$ | CMS | 1498 |
|  | 镁硅钙石 | $3CaO \cdot MgO \cdot 2SiO_2$ | $C_3MS_2$ | 1575 |
| 1.40 | 镁硅钙石 | $3CaO \cdot MgO \cdot 2SiO_2$ | $C_3MS_2$ | 1575 |
| 1.40~1.86 | 镁硅钙石 | $3CaO \cdot MgO \cdot 2SiO_2$ | $C_3MS_2$ | 1575 |
|  | 硅酸二钙 | $2CaO \cdot SiO_2$ | $C_2S$ | 2130 |
| 1.86 | 硅酸二钙 | $2CaO \cdot SiO_2$ | $C_2S$ | 2130 |
| 1.86~2.80 | 硅酸二钙 | $2CaO \cdot SiO_2$ | $C_2S$ | 2130 |
|  | 硅酸三钙 | $3CaO \cdot SiO_2$ | $C_3S$ | 1900 |

续表 2-3

| $CaO/SiO_2$ 质量比 | 存在的矿物 | 化学组成 | 简写 | 熔点或分解温度/℃ |
| --- | --- | --- | --- | --- |
| 2.80 | 硅酸三钙 | $3CaO \cdot SiO_2$ | $C_3S$ | 1900 |
| >2.80 | 硅酸三钙 | $3CaO \cdot SiO_2$ | $C_3S$ | 1900 |
| | 方钙石 | CaO | C | 2572 |

为了保证烧结镁砂的纯度，开采后的菱镁矿一般需要经过浮选和提纯（选矿过程），从而获得纯度较高的菱镁矿精矿粉原料。浮选和提纯过程会降低矿粉中杂质成分的含量，随着杂质成分（尤其是 $SiO_2$）去除量的增加，浮选和提纯的费用亦会大幅度增加。由于无法完全去除杂质，精矿粉原料中少量的 CaO 和 $SiO_2$ 含量也会影响烧结镁砂的烧结过程和体积密度。

表 2-4 为产自辽宁某地区的菱镁矿精矿粉煅烧而得的 MgO 粉体，粉体平均粒径分别为 4.16μm、4.25μm 和 4.36μm，粉体粒度相差较小。可以看出，MgO 粉体中主要杂质成分为 CaO、$SiO_2$ 和 $Fe_2O_3$，其中 $CaO/SiO_2$ 比值分别为 4.6、2.5 和 1.8。以这三种较为典型的 MgO 粉体为原料，在 300MPa 下压制成型，并在 1600℃高温下烧结制备出烧结镁砂。

**表 2-4 MgO 粉体的化学成分**（质量分数） （%）

| 试样 | MgO | $SiO_2$ | $Al_2O_3$ | $Fe_2O_3$ | CaO |
| --- | --- | --- | --- | --- | --- |
| 1 | 98.22 | 0.28 | 0.06 | 0.14 | 1.3 |
| 2 | 98.75 | 0.26 | 0.06 | 0.27 | 0.66 |
| 3 | 98.33 | 0.42 | 0.12 | 0.37 | 0.76 |

图 2-13 示出了这三种 MgO 粉体制备的烧结镁砂微观结构和元素组成。可以看出，MgO 晶粒发育较为完整，MgO 晶粒之间主要分布少量的硅酸盐相。试样 3 中的 CaO 及 $SiO_2$ 含量较高，其在高温烧结下会形成更多的硅酸盐相。由 C 点元素组成可以看出，这个区域主要是由 O、Ca、Si 及 Mg 组成的硅酸盐相，其中 Ca、Si 和 Mg 元素的原子百分比相近，这说明这些生成的硅酸盐相可能是 $CaO \cdot MgO \cdot SiO_2$ 相或 $3CaO \cdot MgO \cdot 2SiO_2$ 相；B 点处的 Ca 元素相对原子比明显较高，表明这个区域主要是 $3CaO \cdot SiO_2$ 相或 $2CaO \cdot SiO_2$ 相；此外，由于试样 1 中杂质 CaO 的含量较高，而 $SiO_2$ 的含量较低，这会造成部分过剩的 CaO 富集在 MgO 晶界处。因此，A 点处的 Ca 元素相对原子比最高，达到了 42.84%，且其物相的形貌也明显不同。

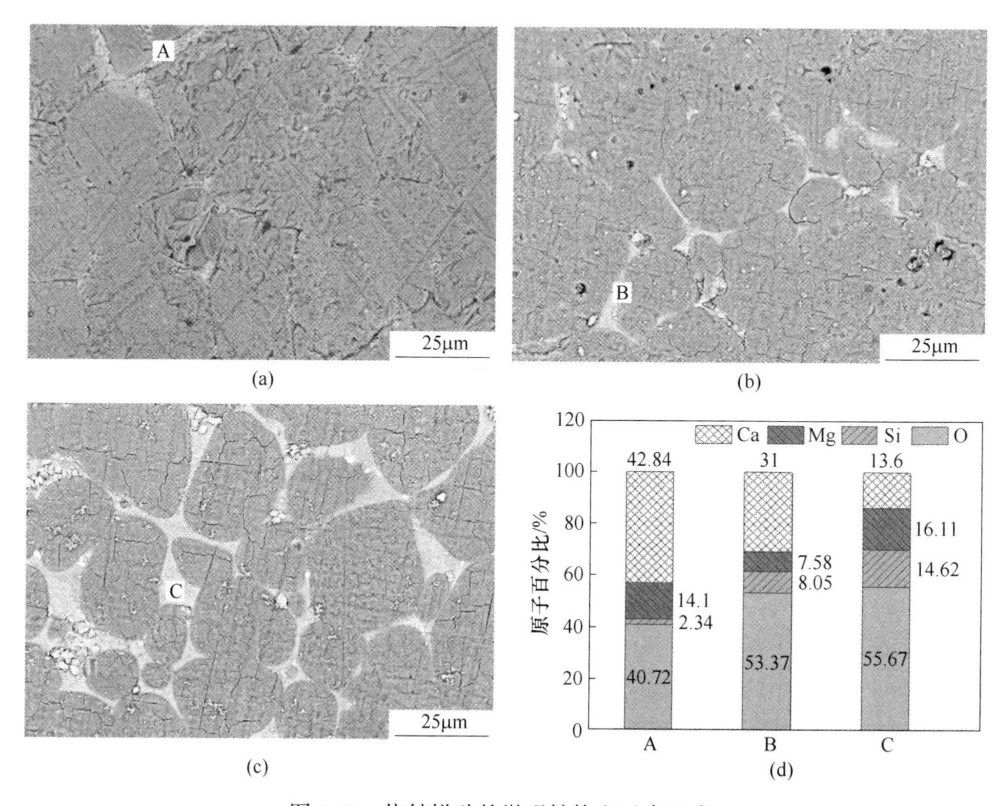


图 2-13　烧结镁砂的微观结构和元素组成

（a）试样 1；（b）试样 2；（c）试样 3；（d）A、B 和 C 点的元素组成

图 2-14 显示了这三种 MgO 粉体原料制备的烧结镁砂的体积密度和开孔隙率。可以看出，$CaO/SiO_2$ 比值越高的 MgO 粉体制备的烧结镁砂致密性越高，体积密度最高可达到 $3.42g/cm^3$，最低为 $3.37g/cm^3$。这表明虽然精矿粉中 CaO 和 $SiO_2$ 的含量极低，但其比值对于烧结镁砂致密性也有一定的影响，即 $CaO/SiO_2$ 比值越高，烧结镁砂致密性越高。

当 MgO 粉体中存在 CaO 和 $SiO_2$ 杂质时，这些杂质在烧结过程中可与 MgO 形成 $MgO\text{-}CaO\text{-}SiO_2$ 三元体系，并对镁砂的烧结过程和性能产生影响。根据相平衡状态图（图 2-15）可知，同 MgO 共存的硅酸盐相依体系中的 $CaO/SiO_2$ 比值不同而异。

对于试样 3，由于其 $SiO_2$ 含量较高，部分 MgO 会参与 CaO 与 $SiO_2$ 之间的反应，形成低熔点相（$CaO \cdot MgO \cdot SiO_2$ 相或 $3CaO \cdot MgO \cdot SiO_2$ 相）。这些低熔点相的形成会发生体积膨胀并填充在 MgO 晶粒之间，且在形成过程中可能会发生聚集或偏析，造成 MgO 晶粒之间出现少量孔隙，从而降低了镁砂的体积密度。此外，这些低熔点相的形成对于烧结镁砂的高温性能（如抗渣侵蚀性能、高温抗压和抗折强度）也有不利影响，可极大降低烧结镁砂的耐火性能。

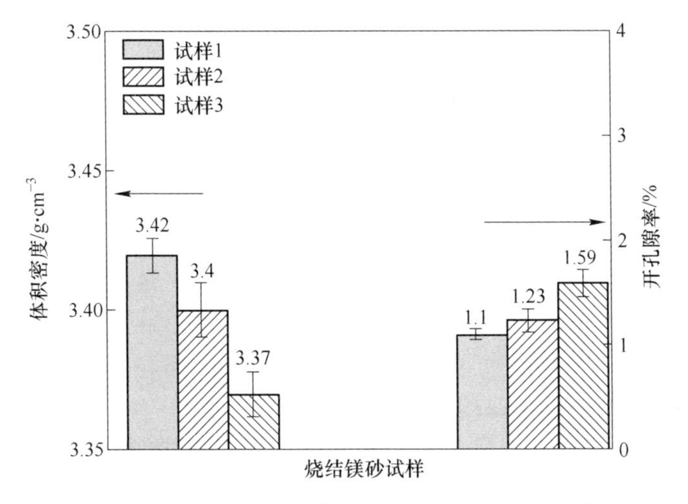


图 2-14 $CaO/SiO_2$ 比值对烧结镁砂致密性的影响

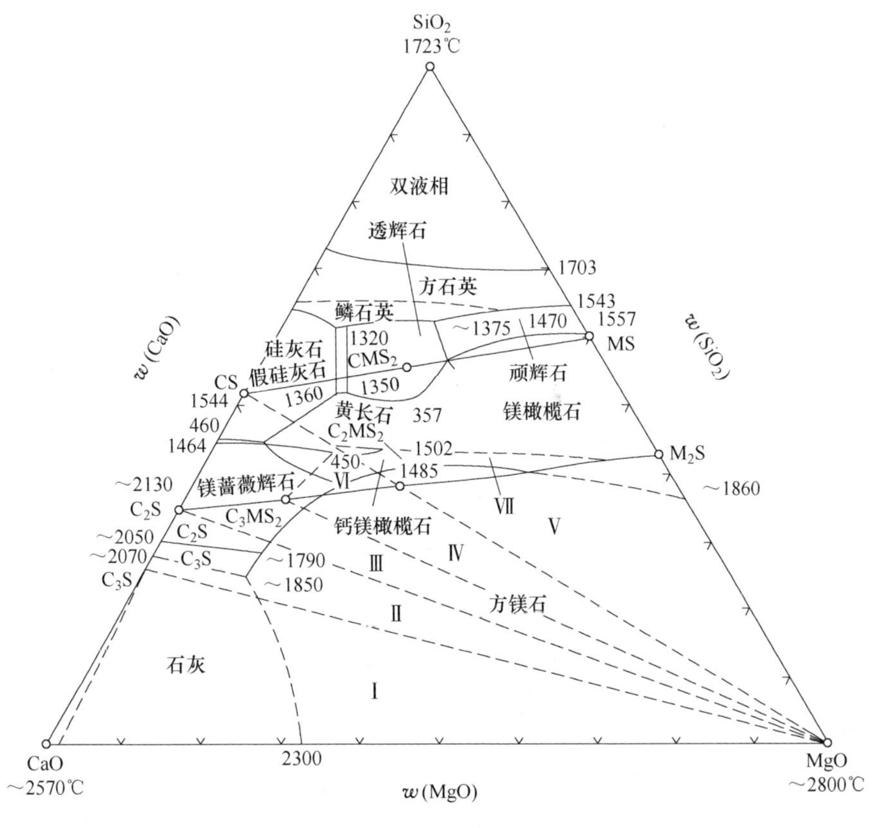


图 2-15 MgO-CaO-$SiO_2$ 三元体系相图[9]

对于试样 1 和 2，由于原料中的 CaO/$SiO_2$ 比值大于 2，体系内的 CaO 处于过剩状态，因此，原料中的 CaO 和 $SiO_2$ 首先将发生反应生成 3CaO · $SiO_2$ 相。3CaO · $SiO_2$ 不会进一步与 MgO 发生反应，而是以单一相的形式存在于 MgO 晶粒之间。3CaO · $SiO_2$ 相的生成可以产生体积膨胀，填充 MgO 晶粒间孔隙，提高烧结镁砂的体积密度。以试样 1 为例，原料中共含有 1.3% 的 CaO 和 0.28% 的 $SiO_2$。因此，约 0.784% 的 CaO 会与 0.28% 的 $SiO_2$ 反应生成 3CaO · $SiO_2$ 相，3CaO · $SiO_2$ 相的生成量约为 1.064%。由 CaO、$SiO_2$ 以及 3CaO · $SiO_2$ 的物性参数可知，CaO、$SiO_2$ 以及 3CaO · $SiO_2$ 的体积密度分别为 3.35g/$cm^3$、2.2g/$cm^3$ 和 2.61g/$cm^3$，通过式（2-8）[10] 可计算出由 0.784% CaO 和 0.28% $SiO_2$ 反应生成 1.064% 3CaO · $SiO_2$ 时所引起的体积膨胀率约为 12.5%。这个体积膨胀率是对于反应本身而言的，生成的 1.064% 的 3CaO · $SiO_2$ 所占镁砂的总体积约为 1.48%。因此，在镁砂的烧结过程中，由 CaO 和 $SiO_2$ 反应所生成的 3CaO · $SiO_2$ 量越多，体积膨胀越大，对镁砂烧结的影响亦越大。

$$\Delta V = \frac{\sum \frac{M_k \times b_k}{\rho_k} - \sum \frac{M_i \times b_i}{\rho_i}}{\sum \frac{M_i \times b_i}{\rho_i}} \times 100\% \tag{2-8}$$

式中　$M_k$——第 $k$ 种生成物的摩尔质量，g/mol；

$M_i$——第 $i$ 种反应物的摩尔质量，g/mol；

$b_k$——化学方程式中第 $k$ 种生成物的最简配平系数；

$b_i$——化学方程式中第 $i$ 种反应物的最简配平系数；

$\rho_k$——第 $k$ 种生成物的理论密度，g/$cm^3$；

$\rho_i$——第 $k$ 种反应物的理论密度，g/$cm^3$。

而未反应的 CaO 会固溶于 MgO 中或富集在 MgO 晶界处。实际上，由于 $Mg^{2+}$ 的离子半径（0.078nm）小于 $Ca^{2+}$(0.100nm)，$Ca^{2+}$ 在进入 MgO 晶格后会导致体积膨胀。但由于 MgO 和 CaO 间的固溶量很小，一般只有 1%～2%，且发生固溶反应的温度较高，因此即使发生固溶，其对体积变化的影响也较小。

本章通过研究原料的轻烧温度、粉料粒度和杂质成分对于烧结镁砂致密性的作用，可以得出如下结论。

（1）轻烧温度对于促进烧结镁砂致密性的作用较小，虽然本章所用的菱镁矿粉含有少量的白云石相，但当轻烧温度为 850℃ 时，白云石相分解较为完全，烧结镁砂的体积密度达到最大，但也只能达到 2.86g/$cm^3$。

（2）细磨程度是影响烧结镁砂性能的重要因素。利用球磨工艺可通过降低 MgO 粉体的粒度提高烧结镁砂的体积密度。MgO 粉体平均粒径与烧结镁砂体积密度呈显著的指数相关，体积密度随轻烧 MgO 粉体平均粒径的减小而增大，最大可达到 3.46g/$cm^3$。若烧结镁砂的体积密度达到 3.40g/$cm^3$以上，则需 MgO 粉体平均粒径小于 3μm，烧结温度高于 1500℃。此外，降低 MgO 粉体粒度有利于降低烧结活化能，促进 MgO 晶粒的发育，从而减少烧结体中缺陷的数量，增大烧结体中晶粒尺寸。

（3）MgO 粉体中 CaO/$SiO_2$ 比值越高，其制备的烧结镁砂致密性越好。CaO/$SiO_2$ 比值至 2.5 时，烧结镁砂的体积密度可达到 3.40g/$cm^3$；而提高 CaO/$SiO_2$ 比值至 4.6 时，烧结镁砂的体积密度可提高到 3.42g/$cm^3$。当 CaO/$SiO_2$ 比值较高时，杂质中的 CaO 与 $SiO_2$ 之间能反应形成 3CaO · $SiO_2$ 相，并产生体积膨胀，填充 MgO 晶粒间孔隙，提高了烧结镁砂体积密度。因此，在菱镁矿浮选和提纯过程中，应尽量保证 CaO/$SiO_2$ 比值在较高的水平。

## 参考文献

[1] 马鸿文. 工业矿物与岩石 [M]. 北京：地质出版社，2002.

[2] 郑水林. 非金属矿加工与应用 [M]. 北京：化学工业出版社，2008.

[3] 胡庆福. 我国轻质碳酸镁、轻质氧化镁生产现状及其发展 [J]，化工科技市场，2001，24（6）：19~22.

[4] 徐兴无，饶东生. 菱镁矿母盐假相对 MgO 烧结致密化的影响 [J]. 硅酸盐学报，1988，（3）：244~251.

[5] 李楠. 团聚氧化镁粉料压块的烧结机理与动力学模型 [J]. 硅酸盐学报，1994，1：77~84.

[6] 赵惠忠，张文杰，汪厚植. 合成镁白云石中 CaO 和 MgO 晶粒生长动力学 [J]. 1996，30（2）：84~87.

[7] Huang Q Z，Lu G M，Wang J，et al. Mechanism and kinetics of thermal decomposition of $MgCl_2$ · $6H_2O$ [J]. Metallurgical and Materials Transactions B，2010，41（5）：1059~1066.

[8] 林彬荫，胡龙. 耐火材料原料 [M]. 北京：冶金工业出版社，2015.

[9] 陈肇友. 相图与耐火材料 [M]. 北京：冶金工业出版社，2015.

[10] 徐磊. $Al_2O_3$-MgO-CaO 系耐火材料烧结行为及其性能的研究 [D]. 沈阳：东北大学，2017.

# 3 成型工艺对烧结镁砂致密性的作用

在烧结镁砂的生产过程中，一般采用高压压球的成型工艺制备球状烧结镁砂，在对该成型过程的研究中，成型压力是考察成型工艺的主要因素。同时，在成型过程中通过抽真空的方式以尽可能排除素坯中氧化镁颗粒间孔隙的工艺手段，也会对镁砂的致密性带来重要改变。基于此，本章主要阐述了真空成型工艺对烧结镁砂致密化的影响，并与常规成型在同等成型压力下进行对比，阐明真空成型对烧结镁砂致密性的作用机理。

## 3.1 真空成型工艺

在工业上，真空成型工艺常应用于热压铸成型和大颗粒砂砾石的成型等领域，是一种较为新颖的成型加工工艺[1~4]。其特点是在成型过程中将成型制品内部的空气抽出，利用空气负压并同时施加压力进行成型。这可以有效地消除坯体内空气压力对坯体造成的负面影响，还有利于提高成型原料的填充密度。

然而，真空成型工艺在细颗粒的粉体成型领域应用的研究报道较少。实际上，在 MgO 粉体成型过程中，由于较细 MgO 粉体具有粒度小、活性高的特点，粉体颗粒间会吸附大量空气。虽然随着外加压力的增大，大部分空气会被排出，但依然会有少量空气来不及逃逸出坯体而被夹闭在坯体内部。随着成型过程中坯体体积的不断减小，被夹闭在粉体颗粒间的空气气压会不断增大，当气压形成的应力超过坯体的抗拉强度，很容易在坯体内部产生过压裂纹，进而影响烧结镁砂的致密性。为解决这一问题，可以对粉体成型过程进行改进，引入真空成型工艺对 MgO 粉体进行成型加工。本章主要针对常规成型工艺与真空成型工艺对烧结镁砂致密性的影响展开分析与讨论。

所用原材料为表 2-1 所示成分的菱镁矿经 850℃轻烧并采用球磨工艺制备的平均粒径为 4.28μm 的较细 MgO 粉体，其粉体特征如图 3-1 所示。

真空成型过程为：将 MgO 粉体装入直径为 20mm 的模具中，并在可抽真空装置中（图 3-2）进行真空处理，处理时间为 10min，以确保空气能全部排出。由于模具内垫片与内腔之间会有缝隙，因此可以保证腔内的空气能够顺畅排出，而不会使粉体一起被抽出；然后使用电子万能试验机分别在真空与常态下进行压制成型；最后，将压制成型后的坯体置于高温烧结炉内，在空气气氛下进行 1600°C 高温烧结。

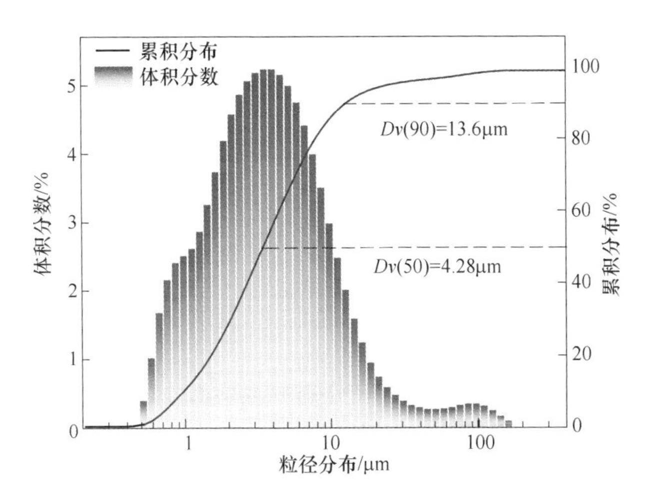


图 3-1　MgO 粉体的粒径分布

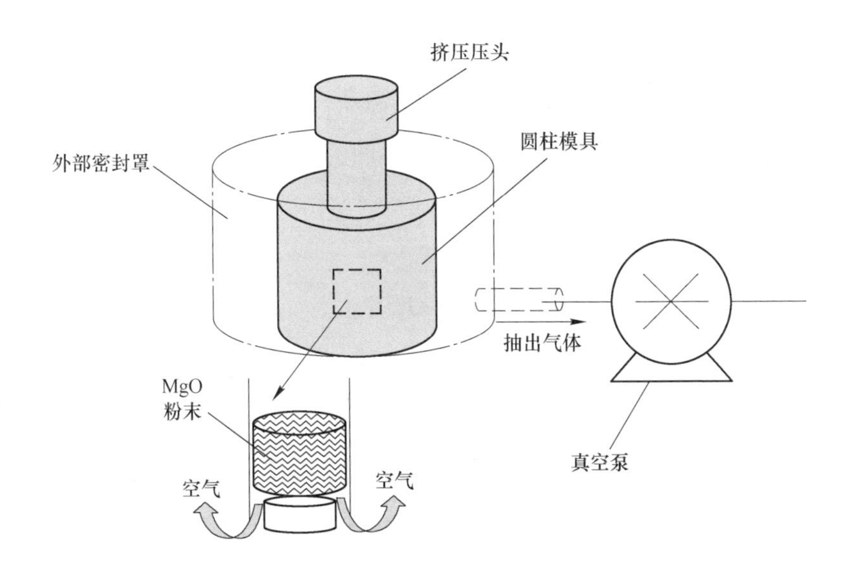


图 3-2　可抽真空模具装置示意图

## 3.2　真空度对 MgO 粉体堆积密度的影响

真空是指在给定的空间内低于一个大气压力的气体状态。在真空负压的作用下，粉体之间的空气会被抽出，从而可提高粉体的堆积密度。

将一定质量的 MgO 粉体装入模具中，放入可抽真空装置中密闭，并进行真空处理。测量 MgO 粉体沉降前后体积，按照式（3-1）即可计算出粉体的堆积密度。

$$\rho = \frac{m}{V} \tag{3-1}$$

式中 $\rho$——粉体堆积密度，$g/cm^3$；

$m$——粉体质量，g；

$V$——粉体在模具中体积，$cm^3$。

图 3-3 为真空度分别为-0.04MPa、-0.06MPa 及-0.09MPa 处理 10min 后的 MgO 粉体堆积密度变化。可以看出，随着真空度的提高，粉体体积不断降低，堆积密度也不断提高，由 0.71$g/cm^3$ 提高到 0.78$g/cm^3$。在真空负压的作用下，MgO 粉体颗粒间夹闭的空气克服了粉体的重力及粉体间的接触摩擦力逃逸出模具的腔体。由于空气由内向外的运动，促使粉体颗粒发生移动和重排，颗粒不断移动并填充原空气的位置，宏观上表现为体积收缩，从而提高了粉体堆积密度。结果表明，抽取真空可以有效地去除 MgO 粉体间的空气，增大 MgO 粉体的堆积密度；而且真空度越大，效果越明显。

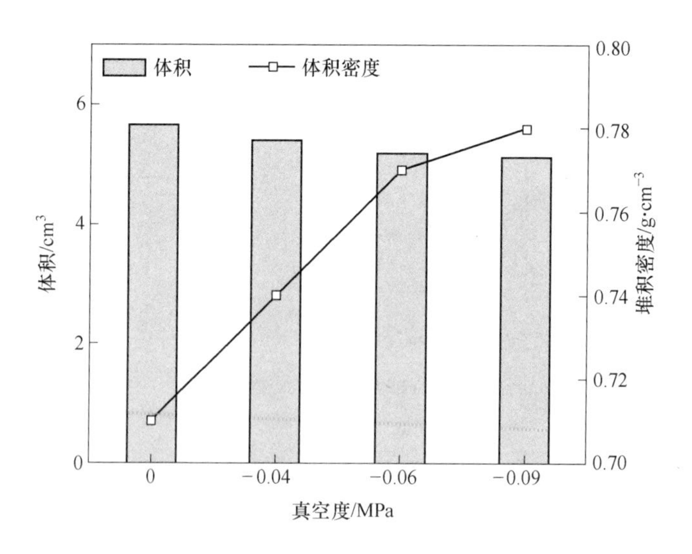


图 3-3 真空度对 MgO 粉体堆积密度的影响

## 3.3 成型压力对烧结镁砂致密性能的影响

### 3.3.1 体积密度与开孔隙率

由图 3-3 可以看出，真空的作用为辅助作用，其可以提高 MgO 粉体间的堆积密度，但仍需外加压力的作用才能成型。因此，不同外加压力下粉体间空气对于烧结镁砂致密性的影响需要研究与探讨。

以图 3-1 所示的 MgO 粉体为例，通过常规成型和真空成型对相同质量 MgO 粉体进行压制成型，成型压力分别为 100MPa、150MPa、200MPa、250MPa 和 300MPa，保压时间为 1min，真空度为-0.09MPa，成型后的坯体在 1600°C 烧结温度下保温 2h 制备出烧结镁砂。

图 3-4 为这两种成型工艺下成型压力与烧结镁砂体积密度变化趋势图。可以看出，随着成型压力的增大，烧结镁砂的体积密度不断增大。在成型压力增加到 200MPa 之前，两种工艺下的烧结镁砂体积密度差异较小；但是，当成型压力达到 250MPa 后，真空成型制备的烧结镁砂体积密度已经超过 3.40g/cm$^3$，而常规成型的烧结镁砂体积密度仅在 3.38g/cm$^3$左右；尤其当成型压力为 300MPa 时，常规成型制备的烧结镁砂体积密度只提高到 3.39g/cm$^3$，而真空成型制备的烧结镁砂体积密度可达到 3.43g/cm$^3$。由此可以看出，真空成型工艺可以显著提高烧结镁砂的致密性，而且成型压力越大，真空成型工艺所表现出的有益效果也越明显。

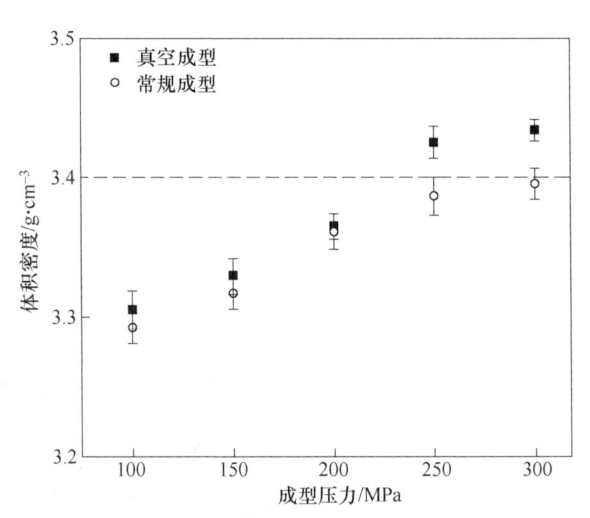


图 3-4 成型压力对烧结镁砂体积密度的影响

图 3-5 为两种成型工艺下成型压力与烧结镁砂开孔隙率的关系。随着成型压力的增大，烧结镁砂的开孔隙率不断降低。其中利用真空成型制备的烧结镁砂开孔隙率更低，最低达到 0.85%。这与图 3-4 所示结果一致，在较大成型压力下，真空成型可以有效地提高镁砂的致密度，降低孔隙率。

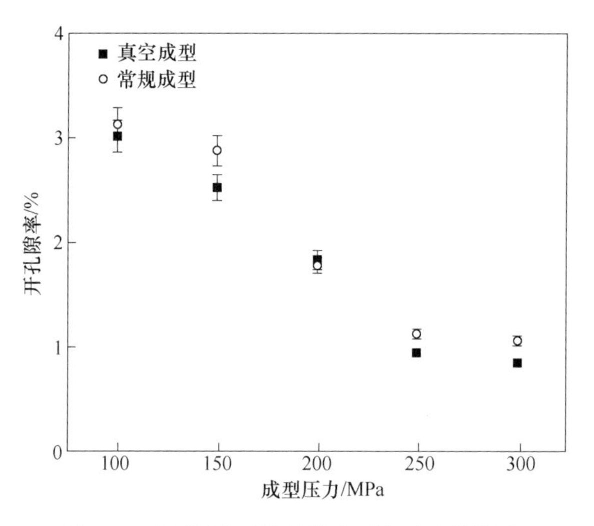


图 3-5 成型压力对烧结镁砂开孔隙率的影响

### 3.3.2 孔径分布与微观结构

图 3-6 为成型压力分别为 250MPa 和 300MPa 下采用两种成型工艺制备的烧结镁砂的孔径分布。可以看出，成型方式对烧结镁砂的孔径分布也有较大影响。采用常规成型制备的烧结镁砂的孔径主要分布在 350～2058nm 和 6037～60527 nm 两个范围内；而对于使用真空成型制备的烧结镁砂，孔径仅分布在 349～1594nm 范围内。这意味着真空成型可以有效地降低烧结镁砂中大孔径孔隙的出现，使孔径更小、分布更加均匀。

图 3-7 为真空成型与常规成型制备的烧结镁砂断面微观结构图。可以看出，常规成型制备的烧结镁砂含有较多的缺陷，除了小孔径孔隙分布外，还分布有直径较大的孔隙和沿晶微裂纹；然而，真空成型制备的烧结镁砂中只分布有少量的圆形孔隙，结构更为致密。

利用球磨工艺制备的 MgO 粉体粒径较小，具有高活性和高比表面积的特点，因此在填充时可以吸附大量的空气。在快速成型过程中，粉体颗粒会快速移动和重排，大颗粒粉体彼此接触并被挤压在一起，小颗粒粉体填充大颗粒间的孔隙位置，坯体会变得越来越致密。同时，由于体积的收缩，坯体内部孔隙中的空气也会处于被压缩的状态，孔隙体积减小，孔隙内空气压力也会相应增大。

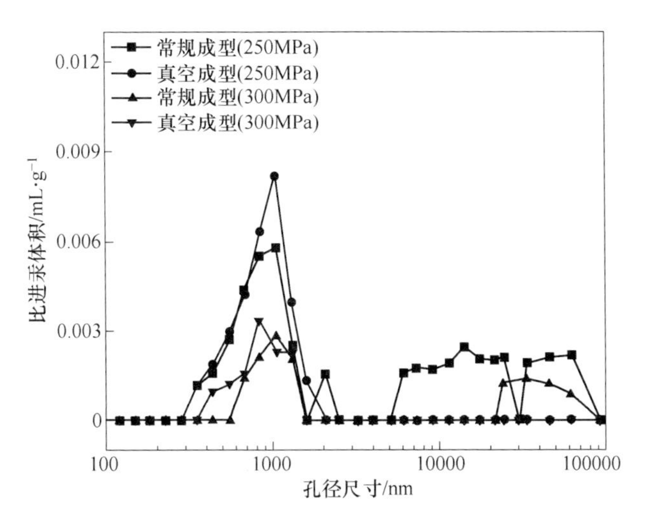


图 3-6 两种成型工艺制备的烧结镁砂的孔径分布

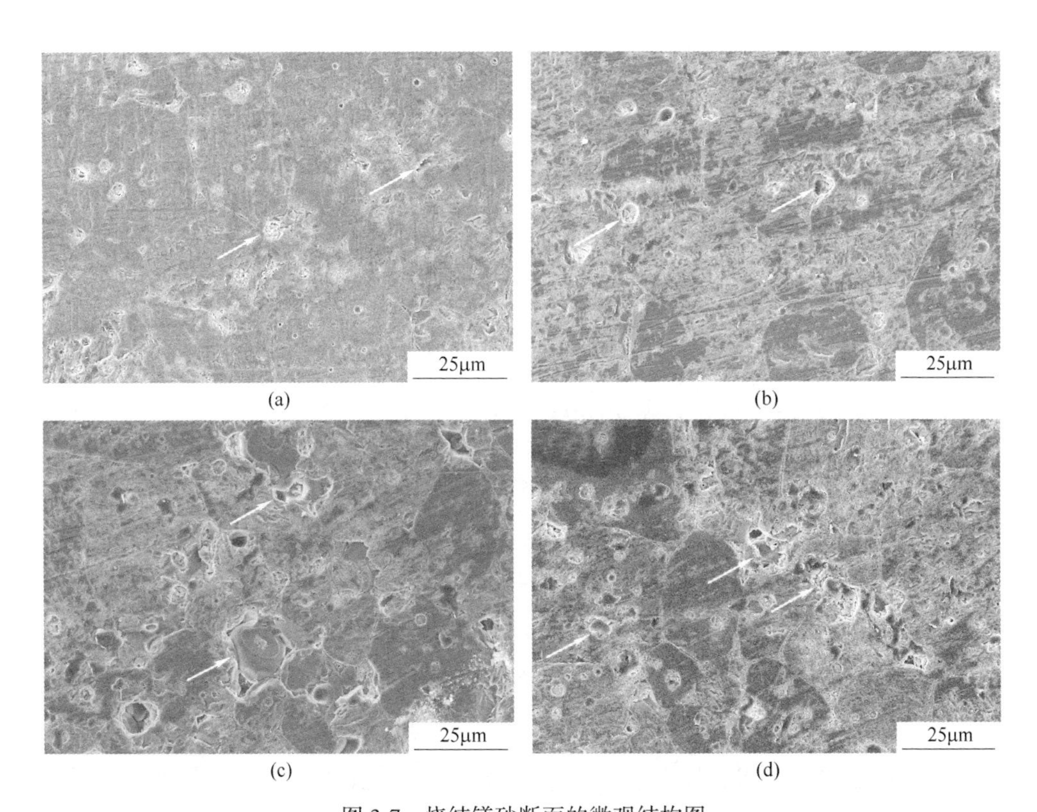


图 3-7 烧结镁砂断面的微观结构图

(a) 真空成型，250MPa；(b) 真空成型，300MPa；(c) 常规成型，250MPa；(d) 常规成型，300MPa

### 3.3.3　机理分析

假设坯体内单个孔隙为球体，内径和外径分别为 $a$、$b$，球体外部受到压力为 $P_1$，球体内部来自孔隙的空气压力为 $P$，则其径向位移为[4,5]

$$u = \frac{1}{3} \frac{1}{\lambda + \frac{2}{3}\mu} \frac{r}{b^3 - a^3}(P_1 a^3 - P b^3) + \frac{1}{r^2} \frac{1}{4\mu}(P_1 - P) \frac{b^3 a^3}{b^3 - a^3} \tag{3-2}$$

式中，$\mu$ 及 $\lambda$ 为拉梅常数，它们与弹性模量 $E$ 及泊松比 $\gamma$ 的关系分别为

$$\mu = \frac{E}{2(1 + \gamma)} \tag{3-3}$$

$$\lambda = \frac{E\gamma}{(1 + \gamma)(1 - 2\gamma)} \tag{3-4}$$

由于氧化镁各向同性，且成型后坯体内部的孔隙率较小，则可忽略孔隙之间的相互作用，故可令式（3-2）中 $r=a$，$b \to \infty$，孔隙取内线法方向为正，则可得半径为 $a$ 的空心球体半径的变化为

$$\Delta a = - u = \frac{1}{3\lambda + 2\mu} a(P_1 - P) + \frac{1}{4\mu} a(P_1 - P) \tag{3-5}$$

将式（3-3）及式（3-4）代入式（3-5）中可得

$$\Delta a = \left(\frac{1 - 2\gamma}{E} + \frac{1 + \gamma}{2E}\right) a(P_1 - P) = \frac{3(1 - \gamma)}{2E} a(P_1 - P) \tag{3-6}$$

则可计算出单个空心球体的体积变化为

$$\Delta V = \frac{4}{3}\pi (a + \Delta a)^3 - \frac{4}{3}\pi a^3 = \frac{4}{3}\pi \Delta a(3a^2 + 3a\Delta a + \Delta a^2) \approx 4\pi a^2 \Delta a \tag{3-7}$$

将式（3-6）代入式（3-7）中可以得到

$$\Delta V = \frac{6(1 - \gamma)}{E} \pi a^3 (P_1 - P) \tag{3-8}$$

由于 MgO 粉体成型中的体积变化量全部为孔隙气体的体积变化量，因此，坯体的孔隙率 $\Phi$ 可写为

$$\Phi = \frac{\Delta V}{V} = \frac{\frac{6(1 - \gamma)}{E} \pi a^3 (P_1 - P)}{\frac{4}{3}\pi a^3} = \frac{9(1 - \gamma)}{2E}(P_1 - P) \tag{3-9}$$

由此可以看出，成型过程中孔隙体积的变化与孔隙内气体压力呈反比关系，即孔隙内空气压力越大，孔隙体积改变量越小，坯体的孔隙率也越大。当孔隙内空气形成的应力超过坯体的抗拉强度时，很容易促使坯体内粉体颗粒再次重排从而形成微裂纹。

其中，孔隙内空气压力可按式（3-10）[6]计算

$$P = P_A \frac{\rho_P(\rho_{th} - \rho_B)}{\rho_B(\rho_{th} - \rho_P)} \tag{3-10}$$

式中 $P$——孔隙内空气压力，Pa；

$P_A$——大气压力，Pa；

$\rho_{th}$——制品的最大理论密度，g/cm$^3$；

$\rho_P$——成型制品的实际密度，g/cm$^3$；

$\rho_B$——成型原料的充填密度，g/cm$^3$。

氧化镁的理论密度$\rho_{th}$为3.58g/cm$^3$；氧化镁的充填密度$\rho_B$，即MgO粉体在模具中的堆积密度，为0.71g/cm$^3$；氧化镁成型后的实际密度$\rho_P$，即为生坯的密度，可按照式（3-1）计算，结果见表3-1；$P_A$为大气压力$1.01\times10^5$Pa，但在真空度为-0.09MPa时，可通过式（3-3）进行换算为真空度的绝对值，即10100Pa。

$$P = 1.01 \times 10^5 \times \left(1 - \frac{\delta}{0.1}\right) \tag{3-11}$$

式中 $P$——真空度的绝对值，Pa；

$\delta$——真空表的数值，正数。

**表3-1 不同成型压力下坯体的密度**

| 成型压力/MPa | | 100 | 150 | 200 | 250 | 300 |
|---|---|---|---|---|---|---|
| 坯体密度 /g·cm$^{-3}$ | 常规成型 | 1.32 | 1.33 | 1.39 | 1.60 | 1.63 |
| | 真空成型 | 1.32 | 1.35 | 1.41 | 1.61 | 1.64 |

通过式（3-10）可计算出孔隙内空气压力与成型压力的关系，如图3-8所示。可以看出，对于常规成型制备的烧结镁砂，随着成型压力的增大，孔隙内空气压力不断增大，最大可达到0.34MPa，约为3.4倍的大气压力。在成型结束且撤去成型压力后，孔隙内空气依然会保持应力状态。若这种应力超过了MgO颗粒之间的摩擦力，孔隙内空气会破坏孔隙结构，从而产生更大的孔隙或微裂纹，其过程如图3-9所示。

对于镁砂烧结，成型过程产生的微裂纹或孔隙会加大粒子的扩散距离，降低孔隙收缩的推动力，不利于烧结致密过程。而对于真空成型过程，坯体内部MgO颗粒间原有的固-气平衡被打破，内部空气压力被消除，较小的颗粒在去除空气后会移动并填充到较大的孔隙中，颗粒间的接触面积增大，生坯的孔隙率降低。同时这会缩短原子的扩散距离，提高烧结推动力，从而加速烧结致密化的进程。

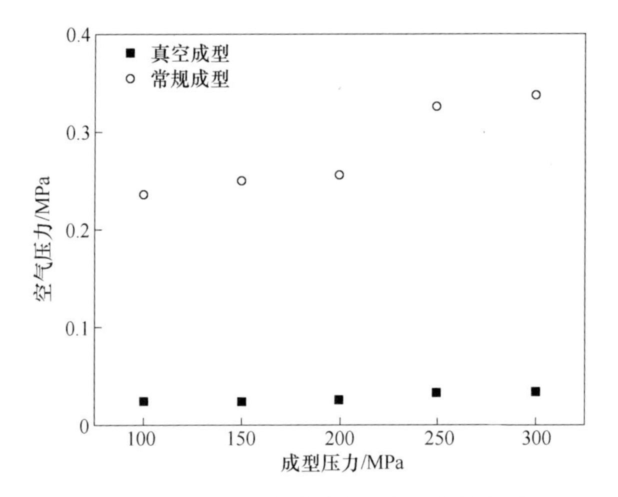


图 3-8 成型压力与孔隙内空气压力的关系

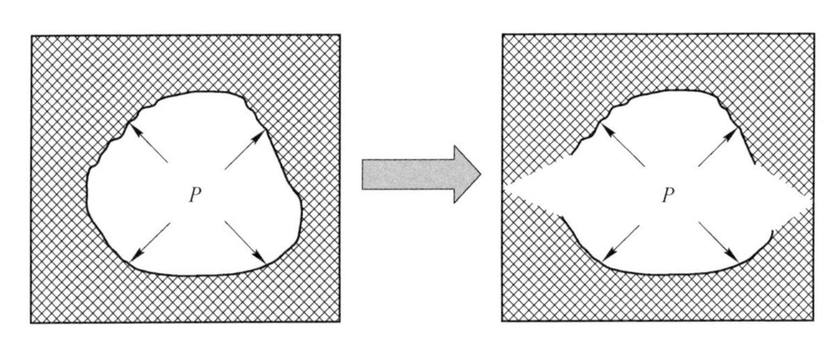


图 3-9 空气内压力破坏孔隙结构示意图

## 3.4 成型厚度对烧结镁砂致密性能的影响

### 3.4.1 体积密度与开孔隙率

成型过程中，压力会由粉体表面向中心传递。在这个传递过程中，由于受到粉体与管壁及粉体间的摩擦力和空气的内压力等作用，外加压力是处于递减趋势的。因此，成型的坯体厚度越厚，其坯体内部越有可能出现不均匀的孔隙，最终会影响烧结镁砂的致密性。

本节以图 3-1 所示的 MgO 粉体为例，分别通过常规成型和真空成型对不同质量的 MgO 粉体进行成型实验，压制成型厚度不同的试样，从而探讨真空成型对不同厚度试样的烧结性能的影响。其中，成型压力为 300MPa，保压时间为 1min；真空度为-0.09MPa；烧结制度与 3.3 节中所述相同。

图 3-10 为两种成型工艺下成型厚度与烧结镁砂体积密度的关系。通过常规成型制备的烧结镁砂，随着坯体厚度从 4mm 增加到 12mm 时，烧结镁砂的体积密度明显降低，从 3.45g/cm$^3$降低到 3.36g/cm$^3$；尤其当烧结镁砂厚度达到 10mm 时，体积密度已经降低到 3.40g/cm$^3$以下。而对于真空成型的烧结镁砂，随着厚度的增加，体积密度始终在 3.40g/cm$^3$以上，但也略有下降，从 3.44g/cm$^3$降低到 3.43g/cm$^3$。值得注意的是，对于厚度为 8mm 的烧结镁砂，虽然两种成型工艺制备的体积密度均在 3.40g/cm$^3$以上，但真空成型工艺制备的烧结镁砂体积密度更高。由此可以看出，常规成型制备的烧结镁砂体积密度随着成型厚度的增加呈明显降低的趋势，而真空成型制备的所有厚度的烧结镁砂的体积密度几乎没有明显降低趋势。这说明采用真空成型工艺对厚度较大的烧结镁砂致密性改善效果更为明显。

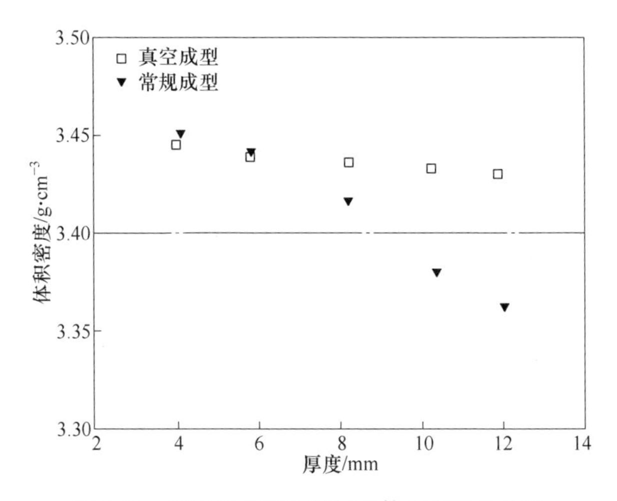


图 3-10 成型厚度与烧结镁砂体积密度的关系

图 3-11 为两种成型工艺下成型厚度与烧结镁砂开孔隙率的关系。镁砂的开孔隙率随着成型厚度的增加而提高。其中，常规成型制备的烧结镁砂开孔隙率较高，最高可达到 1.54%；而真空成型制备的烧结镁砂开孔隙率最高只达到 1.07%。

### 3.4.2 孔径分布及微观结构

图 3-12 为成型厚度约为 8mm 的镁砂烧结后的孔径分布。可以看出，真空成型制备的镁砂孔径仅分布在 830~1590nm 的较窄范围内；而常规成型的镁砂孔径分布在 434~1590nm 和 24200~45400nm 两个范围内。这说明虽然常规成型厚度为 8mm 且镁砂体积密度可达到 3.40g/cm$^3$以上，但坯体内仍存在着较大孔径孔隙的分布。此外，从厚度约为 8mm 的烧结镁砂的微观结构图中（图 3-13）也可以

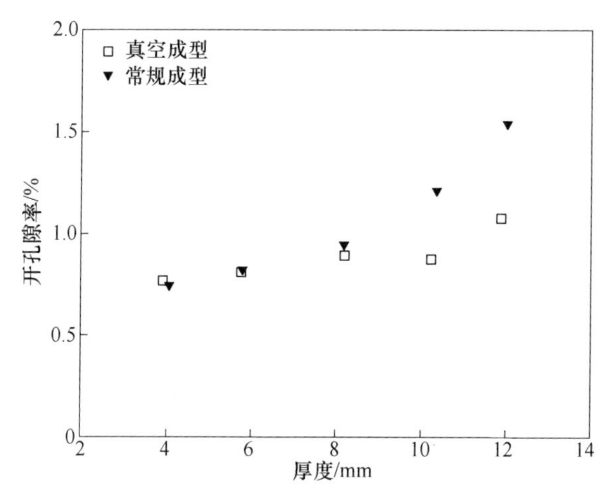


图 3-11　成型厚度与烧结镁砂开孔隙率的关系

看出，真空成型制备的烧结镁砂中主要缺陷为一些近似圆形的晶内孔和较小的晶间微孔；而常规成型制备的烧结镁砂中主要缺陷为较小的圆形孔、少量的大孔以及一些沿晶微裂纹。这些大孔的出现会破坏烧结镁砂的强度和抗侵蚀能力，降低其使用寿命；而利用真空成型制备的烧结镁砂则可以避免大孔隙和微裂纹等缺陷出现，提高了烧结镁砂的致密程度。

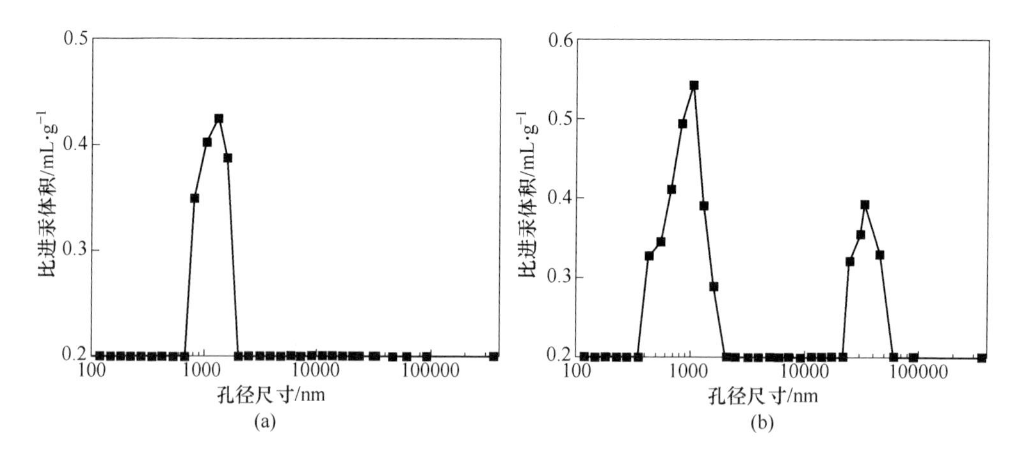


图 3-12　厚度为 8mm 烧结镁砂的孔径分布

（a）真空成型；（b）常规成型

图 3-14 为厚度约为 12mm 的镁砂烧结后的孔径分布。可以看出，两种成型工艺制备的烧结镁砂中孔径都出现了“双峰”分布，即孔径分布在 434~1312nm 和 17259~60527nm 这两个范围内。但通过对比可以看出，真空成型制备的烧结镁

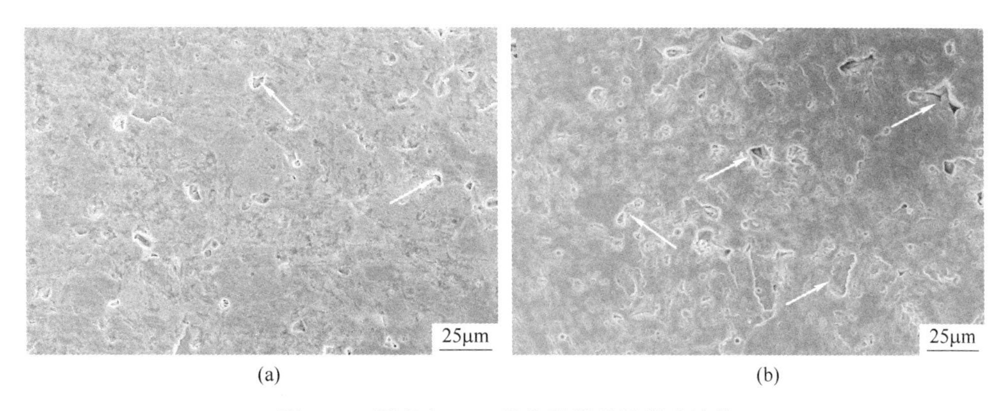


图 3-13 厚度为 8mm 的烧结镁砂的微观结构
（a）真空成型；（b）常规成型

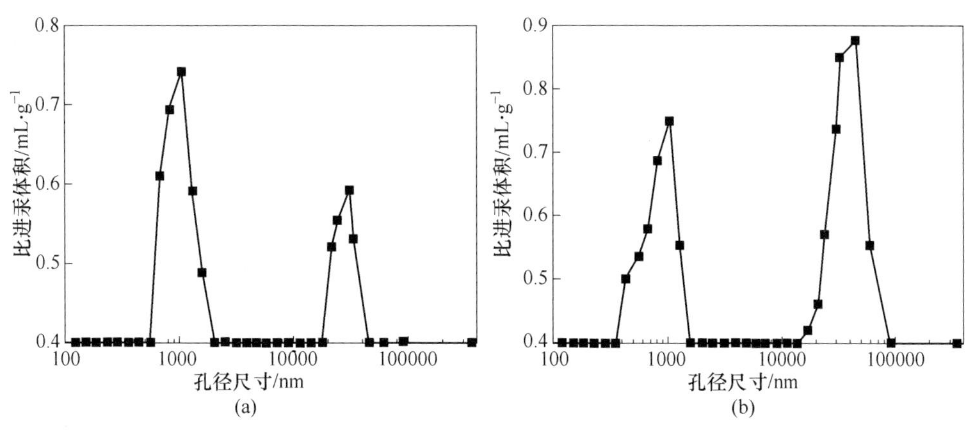


图 3-14 厚度为 12mm 烧结镁砂的孔径分布
（a）真空成型；（b）常规成型

砂孔径主要分布在前一个范围内，而常规成型制备的烧结镁砂孔径主要分布在后一范围，这表明真空成型制备的烧结镁砂中主要以小孔径分布为主。

图 3-15 为两种成型工艺制备的厚度约为 12mm 镁砂在烧结后的微观结构。相比于图 3-13，成型厚度的增加明显提高了烧结体中的缺陷数量和尺寸。对于常规成型的烧结镁砂，烧结体中的缺陷数量较多，主要为大孔径孔隙和沿晶微裂纹；而对于真空成型的烧结镁砂，主要缺陷为圆形的小孔隙，但同时也出现了少量沿晶微裂纹。这说明成型厚度的增加会增加烧结体中的缺陷量，尤其增加了大孔隙和微裂纹的数量。对于厚度较厚的烧结镁砂，虽然利用真空成型工艺无法完全消除微裂纹和大孔隙，但可减少坯体缺陷的数量，依然有利于提高烧结镁砂的致密性和使用寿命。

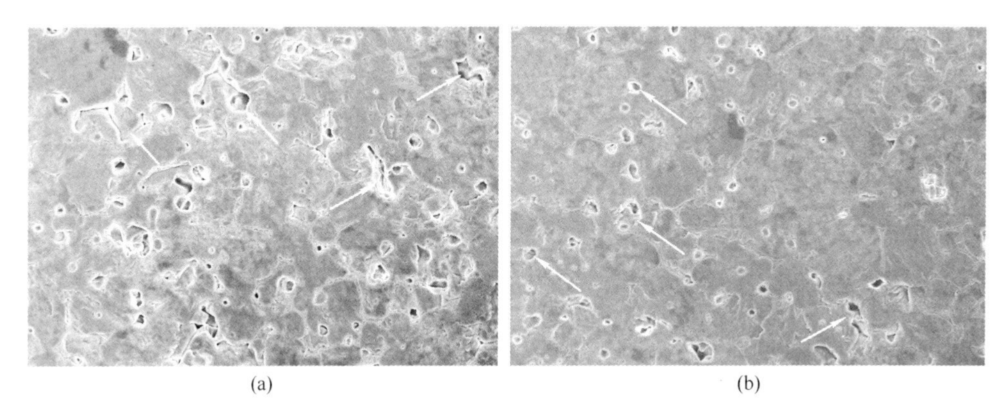

(a) (b)

图 3-15 厚度为 12mm 的烧结镁砂的微观结构
(a) 常规成型；(b) 真空成型

### 3.4.3 机理分析

不同厚度坯体孔隙内部空气压力计算方法与 3.3 节中所述相同。利用式 (3-1) 可计算出成型后坯体的密度，其结果见表 3-2。

表 3-2 不同成型厚度的坯体密度

| | | | | | | |
|---|---|---|---|---|---|---|
| 常规成型 | 成型厚度/mm | 12.01 | 10.35 | 8.03 | 5.82 | 4.10 |
| | 坯体密度/g · cm$^{-3}$ | 1.64 | 1.62 | 1.63 | 1.59 | 1.57 |
| 真空成型 | 成型厚度/mm | 11.87 | 10.23 | 7.92 | 5.79 | 3.98 |
| | 坯体密度/g · cm$^{-3}$ | 1.63 | 1.64 | 1.64 | 1.61 | 1.58 |

通过式 (3-11) 可计算出成型厚度与孔隙内空气压力的关系，如图 3-16 所示。

由图 3-16 可以看出，在成型压力相同的情况下，成型厚度的增加不会明显提高孔隙内的空气压力。对于常规成型的烧结镁砂，孔隙内空气压力最高达到 0.34MPa，这一结果与图 3-8 所示结果相同。这说明增加坯体厚度对于孔隙内空气压力影响较小，而成型压力的大小是影响坯体孔隙内空气压力的主要原因。此外，由于成型过程中压力由坯体上顶面向底面传递过程中会受到粉体与模具内壁之间的摩擦力、粉体间的摩擦力以及孔隙内空气压力的阻碍，这会造成压力在粉体间沿轴向递减传递[7,8]。尤其当成型厚度较大时，坯体内部会夹闭更多的空气，压力在粉体间传递更为不均匀，从而影响烧结后的密度。正如图 3-16 所示，当烧结镁砂成型厚度为 10mm 以上时，虽然孔隙内空气压力较小，但是夹闭了更多的空气，造成其粉体各部位受力不均匀，最终降低了其体积密度。但真空成型

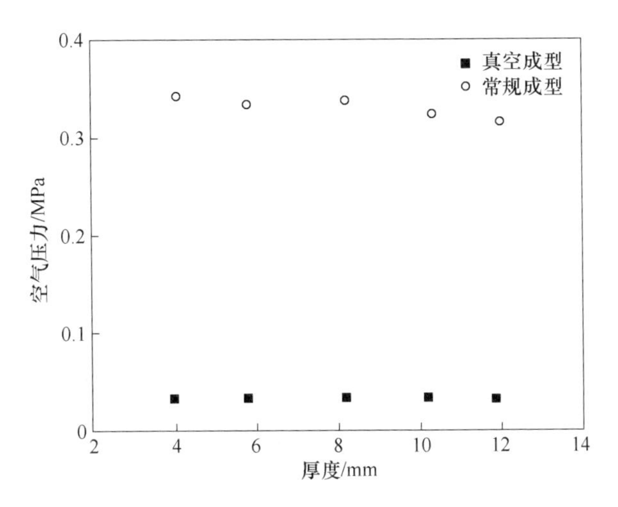


图 3-16 成型厚度与孔隙内空气压力的关系

过程可以抽出空气，改善粉体受力状态，从而提高烧结后的致密度。

本章以小粒度、高活性的 MgO 粉体为例，通过采用真空成型工艺和常规成型工艺对烧结镁砂的致密性进行分析和讨论，得到如下结论。

（1）通过真空度对 MgO 粉体堆积密度影响分析可以得出，真空可以有效地去除 MgO 粉体间的空气，促进 MgO 颗粒的移动和重排，从而增大 MgO 粉体的堆积密度；而且真空度越大，效果越明显。

（2）烧结镁砂的体积密度随着成型压力的提高而增大，且真空成型制备的烧结镁砂致密化程度明显高于常规成型制备的烧结镁砂。当成型压力达到 300MPa 时，采用真空成型法制备的烧结镁砂体积密度可达到 3.43g/cm$^3$，开孔隙率仅为 0.85%。此外，真空成型制备的烧结镁砂其孔径主要分布在 349～1594nm 范围内，而采用常规成型制备的烧结镁砂孔径主要分布在350～2058nm 和 6037～60527nm 两个范围内。这说明真空成型工艺有利于提高烧结镁砂的致密化，使烧结内部的孔径更小，分布更加均匀。

（3）当成型厚度从 2mm 增大到 12mm 时，真空成型制备的烧结镁砂体积密度始终保持在 3.40g/cm$^3$以上，烧结体的缺陷主要为圆形小孔隙，但当成型厚度较大时会出现微裂纹等较大尺寸的缺陷；常规成型制备的烧结镁砂的体积密度随成型厚度的增加而降低，最低降到了 3.36g/cm$^3$，烧结体的缺陷主要为较大的孔隙和晶间微裂纹，随着厚度的增加，较大孔隙和晶间微裂纹的数量也明显增加。

## 参 考 文 献

[1] Alshahrani H, Hojjati M. Influence of double-diaphragm vacuum compaction on deformation

during forming of composite prepregs [J]. Journal of Science: Advanced Materials and Devices, 2016, 1 (4): 507~511.

[2] Lee M Y, Ko C H, Chang F C, et al. Artificial stone slab production using waste glass, stone fragments and vacuum vibratory compaction [J]. Cement and Concrete Composites, 2008, 30 (7): 583~587.

[3] Brzezinski M. Evaluation of vacuum assisted compaction processes of foundry moulding sand by theoretical and experimental methods [J]. Archives of Metallurgy and Materials, 2010, 55 (3): 763-770.

[4] 苏沛. 基于离散元法的沥青混合料真空压实特性研究 [D]. 西安: 长安大学, 2015.

[5] 李春光, 王水林, 郑宏. 多孔介质孔隙率与体积模量的关系 [J]. 岩土力学, 2007, 28 (2): 293~296.

[6] 高真凤. 利用先进成型工艺提高异形耐火制品的质量 [J]. 耐火与石灰, 2008, 1: 33~36.

[7] Cooper A R, Eaton L. Compaction behavior of several ceramic powders [J]. Journal of the American Ceramic Society, 2010, 45 (3): 97~101.

[8] Mahoney F M, Readey M J. Applied mechanics modeling of granulated ceramic powder compaction [C]. International Society for the Advancement of Materials and Process Engineering (SAMPE) Technical Conference, 1995.

# 4　水化工艺对烧结镁砂致密性的作用

高密度烧结镁砂制备的关键有两点，一是尽可能破坏其“假晶”结构；二是尽可能获得较高活性的轻烧氧化镁粉末。本章内容即在于探讨水化工艺对轻烧氧化镁活性和烧结镁砂致密性的影响。通过在菱镁矿煅烧成氧化镁后，再引入水化工艺，使煅烧氧化镁转变为氢氧化镁晶相，随后对氢氧化镁进行轻烧获得高活性氧化镁，起到破坏菱镁矿“假晶”结构的目的，并提高氧化镁粉末的烧结活性，从而获得高密度烧结镁砂。在研究水化工艺对烧结镁砂致密性影响之前，首先开展水化后产物氢氧化镁的分解机理及利用其制备高活性氧化镁的工艺条件，为水化工艺制备高密度烧结镁砂奠定基础。

## 4.1　水化工艺制备高活性氧化镁的研究

本章所述原料为辽宁省某地区的菱镁矿，其主要化学成分见表 4-1。

**表 4-1　实验用菱镁矿的主要化学组成**（质量分数）　　　　（%）

| MgO | CaO | $SiO_2$ | $Fe_2O_3$ | $Al_2O_3$ | I. L. |
|---|---|---|---|---|---|
| 46.55 | 0.40 | 1.39 | 0.47 | 0.26 | 50.93 |

根据热重分析结果与资料数据[1,2]确定菱镁矿的煅烧制度为：将菱镁矿在 850℃下煅烧，保温 2h，得到轻烧氧化镁；然后将其投入水中在 80℃下进行水化；待完全水化后，将氢氧化镁泥浆依次过 0.150mm、0.074mm 和 0.032mm 标准筛，弃去滤渣，之后把滤液烘干，即得到块状氢氧化镁；将其磨细后，作为制备氧化镁的原料。上述工艺流程如下：菱镁矿→煅烧（850℃×2h）→水化→筛分（0.052mm）→烘干→氢氧化镁（块状）→细磨→氢氧化镁粉末。

### 4.1.1　氢氧化镁的分解机理

氢氧化镁的分解温度比碳酸镁低，一般大约在 300℃开始分解生成氧化镁。如图 4-1 所示，在 350~410℃这一阶段出现了唯一的吸热峰，说明此阶段氢氧化镁开始脱去化合水生成了氧化镁。而当加热温度超过 410℃时，氢氧化镁完全分解。氢氧化镁的分解就是氧化镁在氢氧化镁晶格上的形核与结晶的过程，随着分解温度逐渐升高，将发生如下物理化学变化[3]：

（1）六角密堆积层状结构的氢氧化镁晶体的晶面上出现缺陷，氧化镁在径向晶面上迅速重结晶，虽然形成的氧化镁晶体为立方结构，但单位晶胞具有不规则尺寸；

（2）晶体的断裂应力逐渐增长，达到临界值时母晶及产物的晶体破碎成为细小碎片；

（3）反应初期困在晶粒团聚体中的水分子逐渐解附逸出；

（4）氧化镁晶格收缩，直到其晶胞尺寸达到平衡值；

（5）扩散传质促进氧化镁晶粒的进一步生长；

（6）氧化镁晶粒烧结在一起。

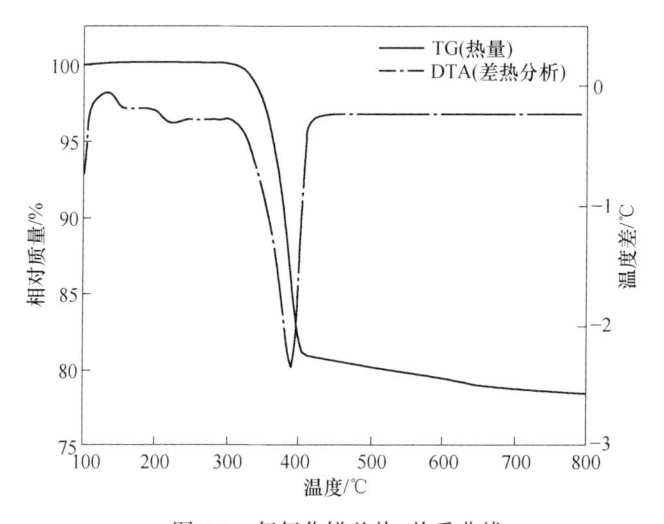


图 4-1　氢氧化镁差热-热重曲线

氧化镁的摩尔体积比氢氧化镁小 35%，因此，其形核所引入的巨大畸变造成了氢氧化镁晶格的破碎，而氢氧化镁晶格的破碎正是本分解反应的限制性环节。对于具有一般晶粒尺寸的氢氧化镁而言，氧化镁迅速重结晶产生极大的晶格畸变，最终会导致氢氧化镁晶格的破裂，从而进一步形成 5～10nm 的氧化镁晶粒。

Moodie[4] 发现热解过程中当界面开始全面失水时氢氧化镁形貌开始发生改变。由于氢氧化镁的解理，界面上的失水会造成剥落。这种微观解理是产生新的表面的一种方法，以便于失去更多的水分和形成立方氧化镁晶粒。

与碳酸镁分解生成氧化镁类似，由氢氧化镁得到的氧化镁也具有“假晶”结构。在氢氧化镁的晶粒内，氧化镁的细小微晶紧密排列在一起，按一致取向排列，示意图如图 4-2 所示。无论氢氧化镁晶粒尺寸如何，由于其具有层层密堆结构，其煅烧生成的取向一致的“假晶”氧化镁会形成混晶结构。有研究者

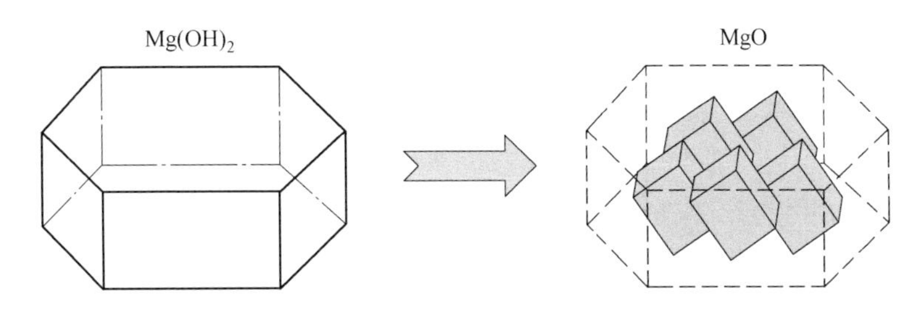


图 4-2 氢氧化镁和氧化镁之间的“假晶”关系

用 TEM 观察氢氧化镁的分解过程时发现，氧化镁的（220）面与氢氧化镁的（110）面垂直。立方氧化镁的晶粒沿｛110｝，｛111｝方向生长，而这两个方向分别与氢氧化镁层状结构的轴向和径向方向平行[5]。与碳酸镁分解不同的是，在氢氧化镁分解生成氧化镁的过程中存在高度的拓扑关系，$O^{2-}$重新排列为立方密排结构（图 4-3）。在整个反应过程中原料与产物之间始终保持该关系。电子衍射数据表明，氧化镁（220）面的 $d$ 值为 0.157～0.149nm，而氢氧化镁（110）面的 $d$ 值为 0.157nm，氧化镁（220）面的 ASTM 值为 0.149nm。也就是说，反应初期形成的氧化镁具有与氢氧化镁非常相近的 $d$ 值。另外，氧化镁（110）面和氢氧化镁（0001）面上的 $Mg^{2+}$ 间距分别为 0.298nm 和 0.312nm，层错度为 4.5%。从另一个角度说明，氧化镁在氢氧化镁晶格点阵上的形核会造成巨大的畸变[6]。

因此，对比碳酸镁与氢氧化镁的分解机理，可知氢氧化镁更易生成高活性的氧化镁。氢氧化镁开始分解的温度较低。众所周知，温度越高，晶粒生长越快。因此，在相同的温度下，碳酸镁生成的氧化镁具有较为完整的晶体结构，相应地，氧化镁的活性也较低。需要指出的是，与氢氧化镁相比，碳酸镁晶体分解时会有较多的分子损失从而产生更多的晶间缺陷（碳酸镁分解时，体积减少 60%，而氢氧化镁为 55%），也就是说，分解过程中，碳酸镁母晶晶体的缺陷稍大于氢氧化镁。但是碳酸镁晶体内部的立方相微晶取向混乱，不易集结形核；而氧化镁雏晶在氢氧化镁母晶晶格内则按一致取向排列，极易形核生长，因此其可在较低的温度下生成[5]。

此外，氢氧化镁与碳酸镁分解过程中的“假晶”有本质的区别。氢氧化镁与产物氧化镁之间存在着拓扑关系，氧化镁共格形核，始终保持氢氧化镁的晶格结构，故而会产生巨大的畸变；而在碳酸镁的分解过程中，二氧化碳的逸出已经破坏了碳酸镁的晶格结构，虽然晶体外观仍保持菱面体，但氧化镁微晶却在晶体内部团聚生长，晶格畸变度自然要小得多。所以，较大的畸变也会使氢氧化镁的分解产物具有更高的活性，从而有利于氧化镁的进一步烧结。

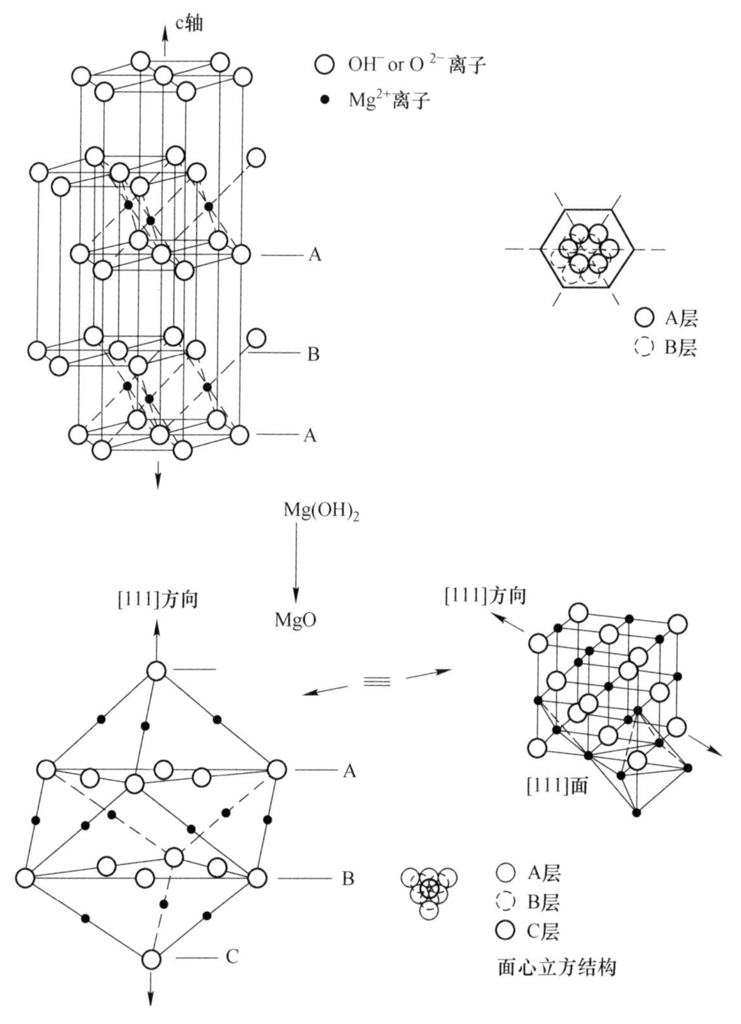


图 4-3　氢氧化镁和氧化镁的晶体结构关系示意图[3]

### 4.1.2　氧化镁活性的测定方法

氧化镁的活性是指其参与化学或物理化学过程的能力。氧化镁的活性是一种本能属性，活性的差异主要取决于氧化镁雏晶的大小、晶格的畸变和缺陷、结构不完整性等诸多因素。若结构松弛、晶格畸变及缺陷较多，则表面会吸附一定数量带有不同极性的基团，这是一种不饱和价键，易于进行物理化学反应，表现为氧化镁的活性高；反之，氧化镁晶粒粗大、结构紧密及晶格完整，则其活性较低。可见，氧化镁的活性是一个相对的概念，它依赖于特定的实验条件而存在。

目前，氧化镁的活性很难用一个普遍的、绝对的定量指标来比较和评价，只能在相同条件下对其反应和变化的过程进行衡量。

目前，活性氧化镁的测试和表征方法主要有碘吸附值测定法和柠檬酸活性测定法（CCA）两种。此外，也可通过考察其物理指标来表征其性能，例如比表面积的测定、视比容的测定、用扫描电镜观察产物形貌及X射线衍射分析等。

碘吸附值测定法的原理是测定碘的四氯化碳溶液经氧化镁吸附前后浓度的变化，以标准硫代硫酸钠溶液滴定；而柠檬酸法的机理则是测量氧化镁中和柠檬酸速率的快慢。柠檬酸法是化学变化过程，物理吸附以及化学反应都会影响整个过程的速率；碘吸附法则不同，其属于物理变化，整个过程只有物理吸附一个限制性环节。缺陷晶体的表面能均大于完整晶面，故缺陷有利于表面吸附[7]。活性氧化镁与烧结氧化镁（稳定态）相比，活性氧化镁处于亚稳态，它有较大的比表面积和晶格不完整性（包括晶格缺陷、位错和协变）[8]。对于具有缺陷的表面，单位分子的表面能较大；而不规则表面（如阶和边），即存在不同配位数原子的表面，会使氧化镁的总能量增大[9]。因此活性氧化镁较稳定态氧化镁的内能高，这可能是活性氧化镁具有某些物化特性的原因。吸碘值和比表面积是表面能的反映，因此采用其表示氧化镁的活性是更为合适的。

碘吸附值测定法的具体步骤如下。

（1）$Na_2S_2O_3$ 标准溶液的配制[10]。称取6.205g $Na_2S_2O_3 \cdot 5H_2O$ 溶于新煮沸并冷却的去离子水中，加入0.2g $Na_2CO_3$，再用新煮沸并冷却的去离子水稀释至1000mL，储存于棕色容量瓶中。由于 $Na_2S_2O_3$ 溶液不稳定，易于分解，所以，在溶液配制后，须放置7~10天，标定后再使用。

（2）分析步骤。首先进行空白滴定实验。取20mL浓度为0.1mol/L的四氯化碳碘溶液，并用0.025mol/L的 $Na_2S_2O_3$ 标准溶液滴定。记下体积 $V_1$，并根据反应式（4-1）计算得到 $Na_2S_2O_3$ 标准溶液的浓度 $C$。

$$I_2 + 2Na_2S_2O_3 \longequal 2NaI + Na_2S_4O_6 \tag{4-1}$$

然后滴定吸附后的四氯化碳碘溶液。准确称取2g氧化镁粉末（精确到0.01g），将其转移至清洁、干燥的250mL玻璃瓶中，放入（100±2）ml的0.1mol/L标定好的四氯化碳碘溶液中；塞住瓶子，将其夹在恒温水浴振荡器上，让它剧烈地振荡30min；待悬浮液静止沉降5min后，用吸管吸取20mL清澈溶液，置于含有50mL 0.03mol/L碘化钾-乙醇溶液的250mL锥形瓶中（注意不要吸到任何固体）；用0.025mol/L的 $Na_2S_2O_3$ 标准溶液标定，不使用淀粉指示剂可获得明显的终点，记下体积 $V_2$；计算活性指标，按每克样品吸附碘毫克计。

（3）吸碘值的计算。

$$\text{吸碘值} = 2.5 \times 127 \times C \times (V_1 - V_2) \tag{4-2}$$

式中 $C$——$Na_2S_2O_3$ 标准溶液的浓度，mol/L；

$V_1$——滴定 20mL 碘原液消耗的 $Na_2S_2O_3$ 标准溶液体积，mL；

$V_2$——滴定 20mL 接触氧化镁样品后的碘液所消耗的 $Na_2S_2O_3$ 标准溶液体积，mL；

127——1mL 浓度为 0. 5mol/L 的 $Na_2S_2O_3$ 溶液相当于碘的毫克数；

2. 5——1mg 碘的换算因子。

### 4.1.3 煅烧温度对氧化镁活性的影响

在氢氧化镁制备氧化镁的过程中，煅烧温度是影响氧化镁活性的重要因素之一。本节将氢氧化镁在不同温度下煅烧，并对其产物氧化镁的性能进行详细分析和阐述。

将氢氧化镁分别在 300~800℃下（每间隔 100℃）保温 1h，对所得产物进行 X 射线衍射分析。从图 4-4 可以看出，加热温度为 300℃时，产物中有大量氢氧化镁残余；而加热温度达到并超过 400℃后，氢氧化镁已分解完全。此外，在 400℃下分解得到的试样的图谱基线较高，衍射峰峰形不规整，峰形较宽，表明其结晶度不高；随着加热温度的升高，基线逐渐变得低而平稳，峰形尖而细，说明产物氧化镁的晶体结构趋于完善。

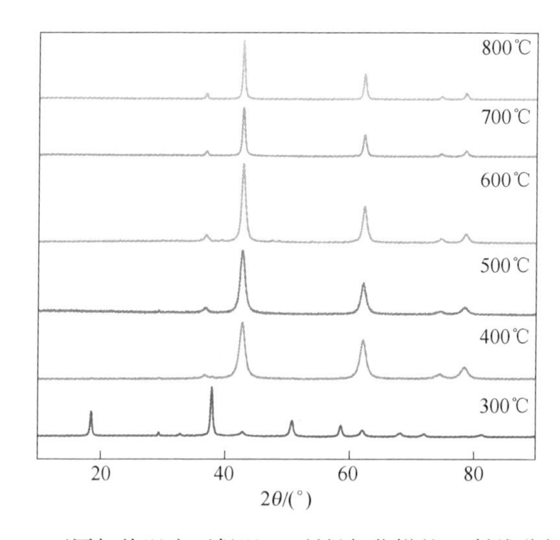


图 4-4 不同加热温度下保温 1h 所得氧化镁的 X 射线分析结果

据 X 射线衍射分析所得的结果，利用修正谢乐公式[11]进行计算可求得产物氧化镁的晶粒尺寸和晶格畸变度，如图 4-5 所示。氧化镁的晶粒尺寸随煅烧温度的升高先减小后增大。而氧化镁晶格畸变度随温度的变化关系则比较复杂。在 300℃时，氢氧化镁尚未分解完全，非晶态的氧化镁在氢氧化镁晶格上生成，但尚未形核，晶格畸变较小，所以 300℃下所得样品的平均粒径较大而畸变较小；

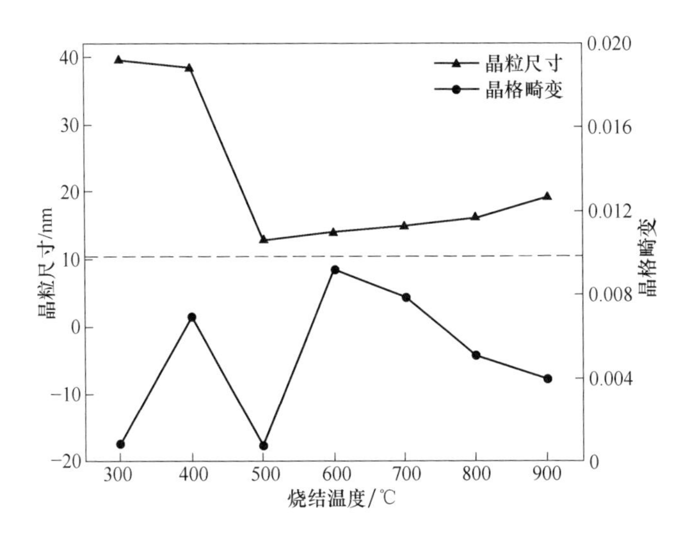


图 4-5 产物氧化镁晶粒尺寸和氧化镁晶格畸变随煅烧温度变化关系

在400℃处，晶粒尺寸稍有减小，但由于“假晶”现象，畸变显著增加。随温度升高，晶体成长程度提高，导致母晶晶格破裂，晶粒尺寸减小，同时晶格畸变也迅速下降；在500~600℃下煅烧时，较高的温度加速了氧化镁形核及生长的速率，晶体结构发生骤变，晶格畸变度在该区间出现突变，晶粒尺寸较低温区间有所增大；之后，随煅烧温度进一步提高，晶粒逐渐变大，晶体结构趋于完善，晶格畸变亦逐渐减小。

$$\beta\cos\theta = \frac{K\lambda}{D} + \eta\sin\theta \tag{4-3}$$

式中 $D$——样品晶粒尺寸，nm；

$\lambda$——实验所用 X 射线波长，nm；

$\beta$——衍射线半高宽，rad；

$\theta$——衍射峰的 Bragg 衍射角，(°)；

$K$——形状因子，常数，本书取 0.95[12]。

由 $\beta\cos\theta$ 对 $\sin\theta$ 作图，可得到一条直线，可按回归直线法求出 $K\lambda/D$ 和 $\eta$。从而可以测出不同温度下晶粒尺寸和晶格畸变。

表 4-2 和图 4-6 为氢氧化镁在不同温度下煅烧 1h 所得产物氧化镁的碘吸附值和比表面积。当分解温度低于400℃时，吸碘值和比表面积都随温度的升高而增大。这是因为氢氧化镁尚未完全分解，残余的氢氧化镁影响了吸碘值和比表面积的数值；在400℃处，吸碘值及比表面积均达到最大值，分别为 278.82mg$I_2$/g 和 202.41$m^2$/g，达到了高活性的标准[13]；当温度高于400℃时，吸碘值随温度的升高而减小，表明氧化镁的活性会随分解温度的提高而降低。

**表 4-2　不同温度下煅烧 1h 所得氧化镁的吸碘值与比表面积**

| 温度/℃ | 吸碘值/$mgI_2 \cdot g^{-1}$ | 比表面积/$m^2 \cdot g^{-1}$ |
|---|---|---|
| 300 | 82.02 | 67.60 |
| 400 | 278.82 | 202.41 |
| 450 | 240.77 | — |
| 500 | 202.97 | 135.70 |
| 600 | 186.35 | 89.56 |
| 700 | 118.35 | 31.90 |
| 800 | 74.70 | 14.69 |
| 900 | 27.04 | 10.87 |

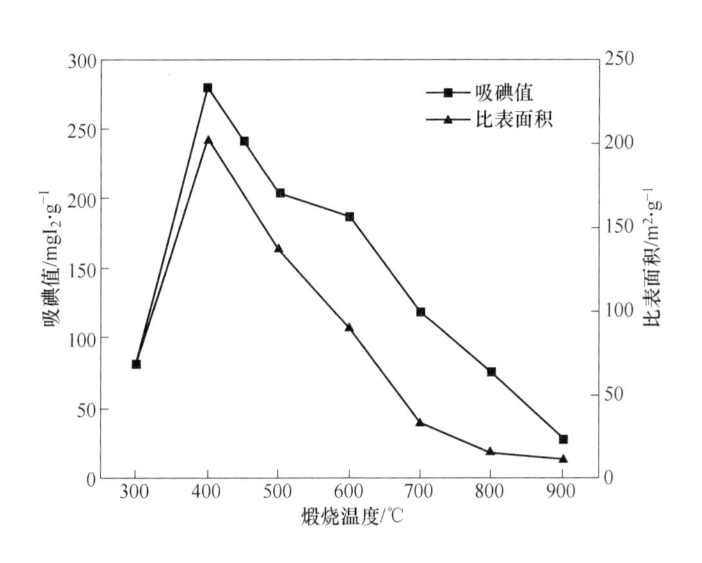


图 4-6　氧化镁吸碘值及比表面积随温度变化关系

此外，对产物不同温度下煅烧的氧化镁进行视比容的测定，所得结果由图 4-7 示出。可以看出，氧化镁视比容的最大值出现在 600℃，而不是吸碘值最高的 400℃。可见，在 600℃下煅烧得到的氧化镁的颗粒较小且分散度较好。此外，由于氧化镁晶格畸变较大，颗粒表面能高，团聚较为严重，产物的视比容数值均较低。

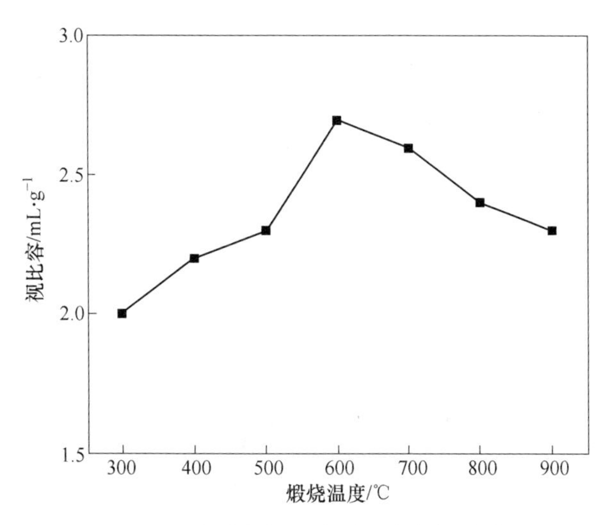


图 4-7 氧化镁视比容随温度变化关系

图 4-8 是氢氧化镁在不同温度下得到的氧化镁的扫描电镜照片。由扫描电镜照片可以看到，在 400℃、500℃以及 600℃的条件下，产物基本保持先驱物氢氧化镁的六边形层状结构，尚保持“假晶”现象；700℃下，产物的形貌已开始发生变化，出现了立方结构；而 800℃和 900℃的产物完全呈现出氧化镁六面立方的形貌。

综上所述，活性氧化镁的吸碘值和比表面积随煅烧温度的升高而减小，而其晶粒尺寸和晶格畸变随温度的变化关系则较为复杂。当煅烧温度升高到 400℃时，可以得到完全分解的产物氧化镁，它具有“假晶”结构以及较大的晶格畸变，故而吸碘值和比表面积均较大；之后，随煅烧温度升高，氧化镁晶格破裂，晶粒尺寸及晶格畸变迅速减小；随温度进一步升高，氧化镁晶粒生长，晶型趋于完好，晶格畸变逐渐减小，结晶度越来越高，非晶态的氧化镁逐渐转变为晶态的氧化镁，吸碘值和比表面积亦随之进一步降低。

### 4.1.4 保温时间对氧化镁活性的影响

一般来说，延长保温时间可以使氢氧化镁的分解更加完全，但随着保温时间的增长，由氢氧化镁分解制得的氧化镁的生长也更加完全，从而影响其活性。如表 4-3 及图 4-9 所示，在任一温度下进行煅烧，氧化镁的吸碘值和比表面积均随保温时间的延长而逐渐减小。在 500℃下，氧化镁的吸碘值与比表面积随时间的变化较为显著；而在 600℃下，变化的趋势则较为缓慢。可见，在较低温度下，保温时间对氧化镁产物的活性有较大的影响；而在较高的温度下，保温时间的作用并不明显。而且，在 500℃下保温时间为 1h 所得到的氧化镁产物的活性最高，

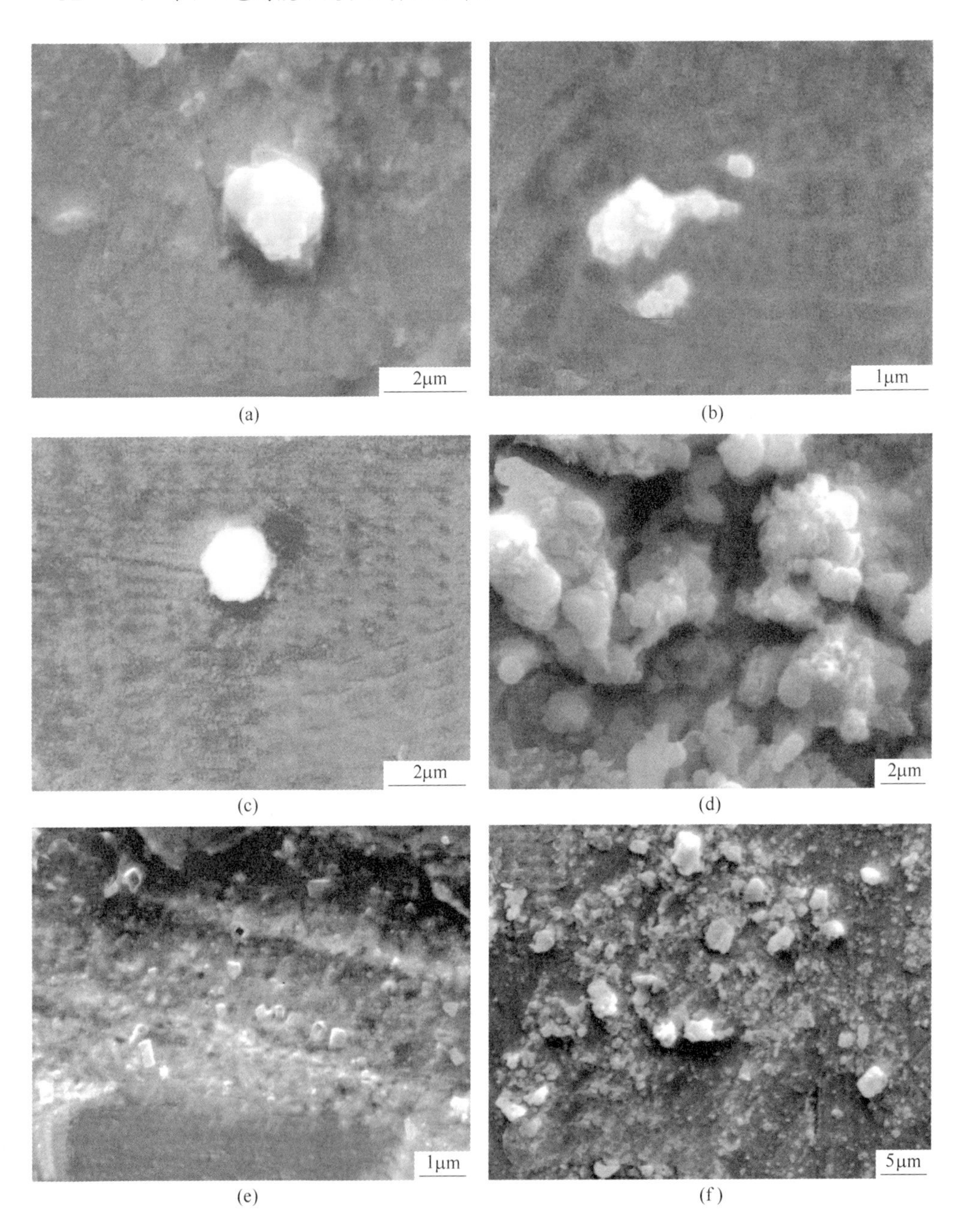


图 4-8　不同加热温度下产物扫描电镜照片

(a) 400℃；(b) 500℃；(c) 600℃；(d) 700℃；(e) 800℃；(f) 900℃

可知在氢氧化镁完全分解的前提下，较短保温时间下煅烧可以得到活性较高的氧化镁产物。

**表 4-3　氧化镁产物的吸碘值与比表面积值**

| 温度/℃ | 时间/h | 吸碘值/$mgI_2 \cdot g^{-1}$ | 比表面积/$m^2 \cdot g^{-1}$ |
|---|---|---|---|
| 500 | 1 | 191.42 | 138.14 |
| | 1.5 | 185.12 | 136.39 |
| | 2 | 156.46 | 107.33 |
| 550 | 1 | 159.35 | 109.42 |
| | 1.5 | 106.78 | 75.22 |
| | 2 | 143.98 | 77.28 |
| 600 | 1 | 86.05 | 58.91 |
| | 1.5 | 84.89 | 58.94 |
| | 2 | 80.65 | 49.43 |

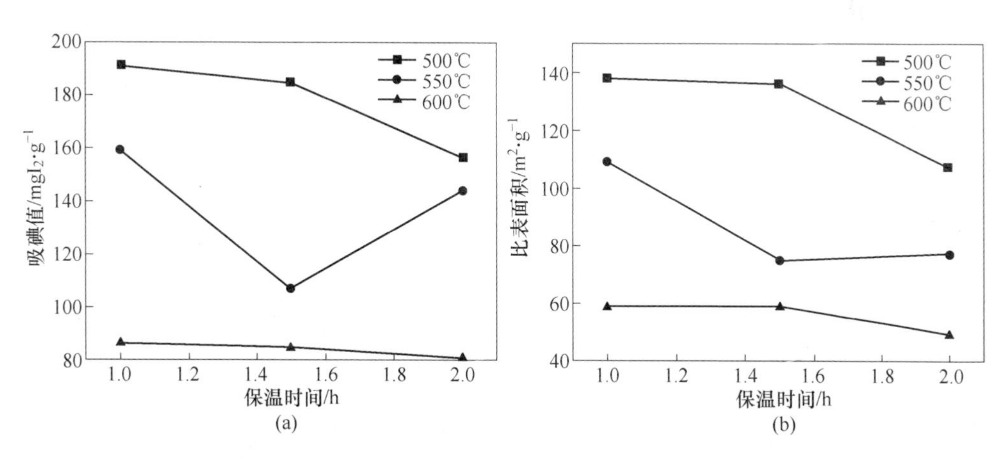


图 4-9　保温时间与氧化镁吸碘值（a）及比表面积（b）之间的关系

图 4-10 和图 4-11 分别示出了将氢氧化镁试样在 500℃和 600℃下保温不同时间后所得产物的 XRD 图谱。随着保温时间的延长，试样的基线并没有明显变化，衍射峰形变得细而尖，半高宽减小。说明随着保温时间的增加，产物氧化镁的结晶程度越来越好。

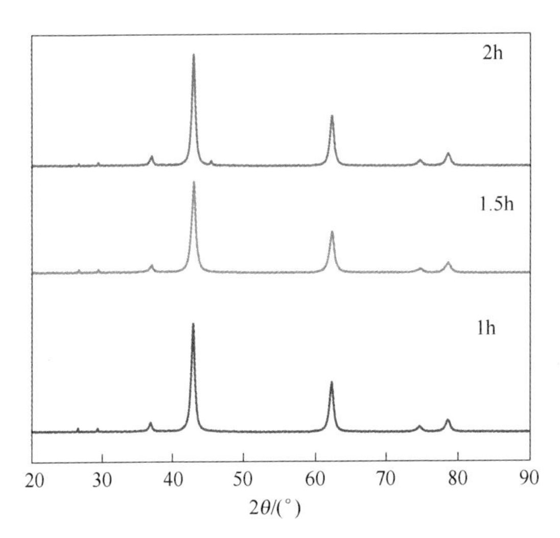


图 4-10　氢氧化镁试样在 500℃下保温不同时间后的 XRD 图谱

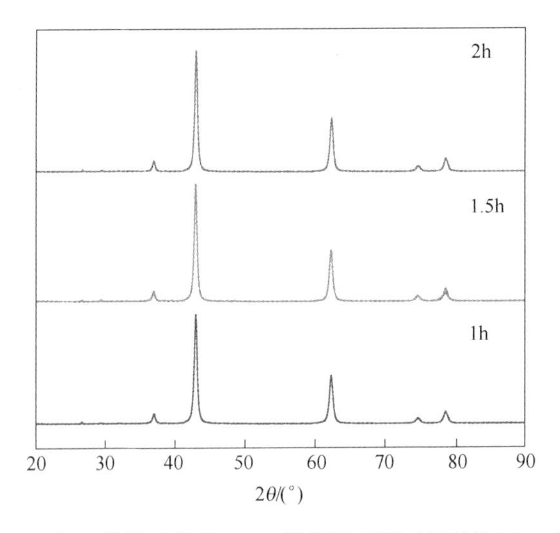


图 4-11　氢氧化镁试样在 600℃下保温不同时间后的 XRD 图谱

氧化镁的晶体结构对其活性有显著的影响，晶粒尺寸和晶格畸变是度量晶体完整程度的重要标准，利用 X 射线衍射法可以测定晶粒尺寸和晶格畸变。根据 X 射线衍射分析所得的结果，利用修正谢乐公式进行计算可求得产物氧化镁的晶粒尺寸，如图 4-12 和图 4-13 所示。

由图 4-12 和图 4-13 可以看出，氧化镁的晶粒尺寸均随着保温时间的延长先

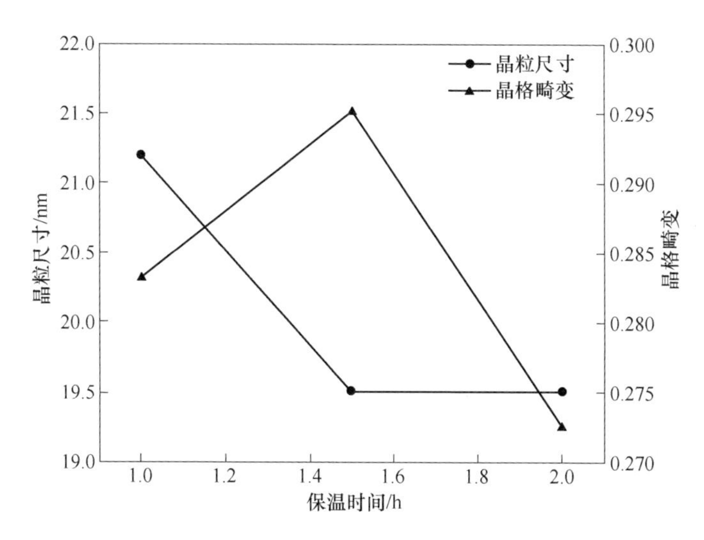


图 4-12 500℃下煅烧得到氧化镁晶粒尺寸及晶格畸变随保温时间的变化

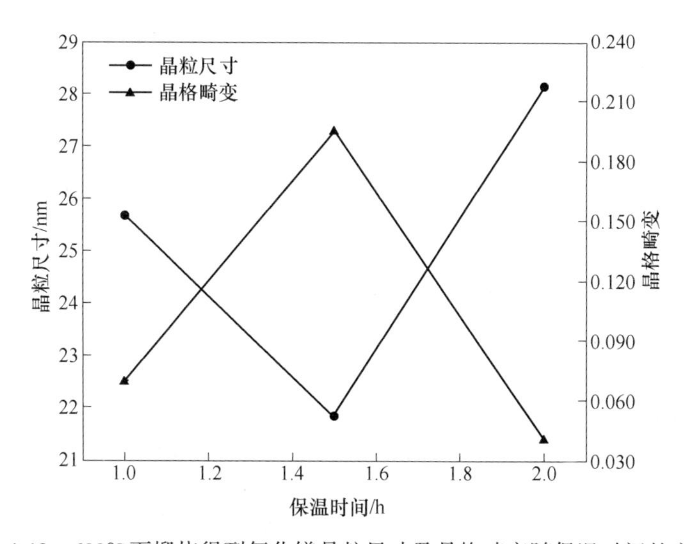


图 4-13 600℃下煅烧得到氧化镁晶粒尺寸及晶格畸变随保温时间的变化

减小后增大，晶格畸变则先增大后减小。分析认为，随着保温时间的增长，氧化镁晶粒的晶格畸变度迅速增大，导致“假晶”晶格的破裂，从而使晶粒尺寸减小；之后，晶粒进入正常生长阶段，晶粒尺寸增大，晶格畸变减小。另外，还可看出，在 1.5~2h 范围内，600℃下晶粒尺寸随时间的变化远大于 500℃。

综上所述，氢氧化镁在 500℃下煅烧 1h 得到的氧化镁的吸碘值最大，达到 191.42mg$I_2$/g，比表面积也达到最大值，为 138.14$m^2$/g。保温时间为 1h 时，晶粒尺寸较小，晶格畸变较大，氧化镁晶体结晶度差，故而吸碘值和比表面积均很大；随保温时间延长至 1.5h，晶格畸变达到极大，致使“假晶”晶格破裂，氧化镁晶粒缩小至原始尺寸，氧化镁晶体渐趋完好，吸碘值和比表面积逐渐减小；当时间继续延长至 2h 时，晶格畸变进一步减小，晶粒逐渐增大，结晶度越来越高，非晶态的氧化镁逐渐转变为晶态的氧化镁，吸碘值和比表面积继续降低。因此，随保温时间的延长，氧化镁的晶型越来越完整，活性逐渐降低。可见保温时间是影响产物氧化镁的活性的主要因素。

### 4.1.5 起始加热温度对氧化镁活性的影响

为进一步确定温度对于产物氧化镁的影响，在不同的温度下开始对试样氢氧化镁进行加热，当达到确定温度时保温 1h。对所得的产物进行碘吸附值测定，所得结果如图 4-14 所示。可以看出无论起始加热温度为多少，氧化镁的吸碘值随煅烧温度的变化趋势均相同，都随着煅烧温度的升高先增大，然后逐渐减小。相比而言，由室温开始加热的试样有较长的保温时间。因此，当煅烧温度为 300℃时，试样氢氧化镁均无法完全分解；而起始加热温度为室温的试样在炉内停留的时间最长，氢氧化镁的分解比其他试样充分，活性氧化镁的含量必然也比其他试样多，故而其吸碘值稍高一些。

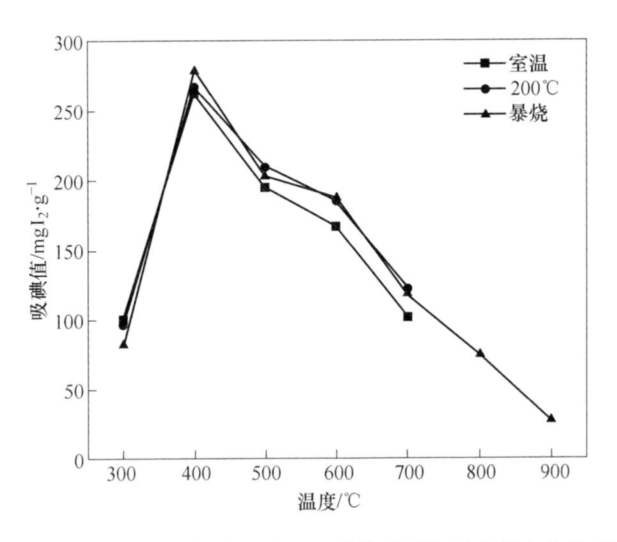


图 4-14 不同开始加热温度下吸碘值随煅烧温度的变化关系

当煅烧温度升高至 400℃时，氢氧化镁试样已经可以完全分解了，暴烧的样品在炉内停留时间最短，氧化镁雏晶的成长最不充分，晶体缺陷也较其他试样严重，所以 400℃下暴烧得到的活性氧化镁吸碘值最高。

煅烧温度高于400℃时，试样氢氧化镁均已完全分解，并且随着温度的升高，产物氧化镁的晶粒逐渐长大，并趋于排列完善。由图4-14可看出，由室温开始加热所生成的氧化镁的吸碘值最低，而另两种条件下生成的氧化镁的活性相差很小。这是因为，虽然氢氧化镁分解生成氧化镁是在300℃以上发生的，但是试样由室温升温至煅烧温度这段时间内，积攒了一定热量，有利于促进生成物氧化镁的晶粒生长完善，从而导致其吸碘值减小。有研究表明，由于氢氧化镁的分解反应在300~400℃区间最为剧烈，并且在此区间内晶粒的生长也是最快的[14]，故只要保温温度控制在400℃以上，试样由200℃或更高温度开始煅烧即可完全生成活性较高的氧化镁。

### 4.1.6 氧化镁活性与其微观结构的关系

氧化镁的活性是指其参与化学或物理化学过程的能力。研究认为，活性氧化镁是非等轴晶系方镁石，这些晶格存在点状缺陷和位错，具有较高的表面能[15]；另一些研究者则认为结构疏松并且晶格畸变、缺陷较多的氧化镁表面吸附了一定数量的带有不同极性的基团[16]。这种基团是一种不饱和价键，易于进行物理化学反应，表现为氧化镁的活性好。长期以来，人们对氧化镁活性的量度进行了大量研究，也考察了活性氧化镁的微观结构，如晶粒尺寸、表观形貌、比表面积等，但尚未建立活性和微观结构的对应关系。本节根据所得的实验数据，考察并研究氧化镁活性与其微观结构的关系。

将氢氧化镁在不同温度下煅烧1h，对所得的产物氧化镁进行碘吸附值测定、比表面积测定、X射线衍射分析以及扫描电镜分析。所得结果与温度的变化关系在上述章节中进行了讨论。根据这些测量结果可以发现，氧化镁的晶粒尺寸和晶体结构对其活性都有一定的影响。

氢氧化镁的差热-热重分析结果（图4-1）和产物氧化镁的X射线衍射分析结果（图4-4）表明，在300℃下煅烧1h时，氢氧化镁并不能完全分解，煅烧所得产物有氢氧化镁残余。在300℃煅烧时，试样氢氧化镁失水，同时氧化镁雏晶在氢氧化镁晶格上形成，但由于温度较低，氢氧化镁无法完全脱去水分子，而氧化镁亦无法形核生长，故而，产物氧化镁的XRD分析结果（图4-5）表明，其处于晶粒尺寸大并且晶格畸变较小的“假晶”状态。在此状态下，非晶态氧化镁的表面能和畸变能均不高，因此，其活性（吸碘值和比表面积）较低。

400℃是氢氧化镁分解生成氧化镁的关键温度。氢氧化镁的差热-热重分析结果（图4-1）表明，分解反应结束于410℃。而产物氧化镁的X射线衍射分析结果（图4-4）也证明，试样氢氧化镁完全分解生成氧化镁。在400℃下煅烧时，氢氧化镁失水，生成的氧化镁在氢氧化镁母晶晶格上形核，导致晶格畸变剧增（图 4-5），但由于所产生的晶格应力不足以使母晶晶格破裂，故其仍保持着六方层状结构的“假晶”形貌（扫描电镜照片图 4-8（a）），晶粒尺寸还比较大（图 4-5），与 300 ℃时相差不大。此时氧化镁的结晶程度低（图 4-4），结构松弛，应变能和表面能都很高，进而其活性值也很高。

当煅烧温度升高到 450℃或 500℃时，氧化镁雏晶在氢氧化镁晶格上形核长大，巨大的晶格应变力造成母晶氢氧化镁晶格的断裂，应变能得到释放，晶格畸变降低（图 4-5），晶粒尺寸减小（图 4-5）。然而，产物仍保持“假晶”形貌（图 4-8（b）），结晶度亦较低（图 4-4），其活性尽管低于 400℃的煅烧产物，但依然较高。

在 600℃煅烧所得产物的晶粒稍大于 500℃的产物（图 4-5），但可能是由于在较高的温度下煅烧，加快了氧化镁的形核及生长速率，令残余的应力来不及释放，使畸变剧增至 0.0092（图 4-5），并且产物仍保持较差的结晶性（图 4-4）和“假晶”形貌（图 4-8（c））。所以，产物仍具有较高的活性。

煅烧温度达到 600℃以上后，产物的晶粒尺寸随温度升高而缓慢增大（图 4-5），而畸变则依次减小，可见，晶体生长逐渐趋于完善（图 4-4），晶粒之间的空隙收缩，结构变得紧密。当新相氧化镁的应变能足够大时，氧化镁晶格恢复立方结构，形成细小的立方颗粒并继续长大。在 700℃试样的显微结构照片上可观察到立方结构的颗粒，而在 800℃和 900℃的试样中则呈现出明显的立方结构。随着氧化镁晶体趋于完善，其活性则进一步下降。

纵观整个过程发现，“假晶”形态以及氧化镁的非晶亚稳态结构是令其具有高活性的重要因素。氢氧化镁失水生成氧化镁晶格体积要减小 55%，但由于“假晶”的存在，晶格群的体积变化不大，于是，晶格间空隙增大，空位浓度高，晶格缺陷大，晶体内能高，比表面积大，从而具有高的活性。另外，晶格畸变也是一个不可忽视的因素。一个最好的例子就是在 600℃时，由于具有较大的晶格畸变，令氧化镁在该点的吸碘值偏高。需要指出的是，所得产物的晶格畸变（0.0008~0.0092）远大于文献［16］报道的数值（0.001~0.00012），分析认为这是本水化工艺所得氧化镁活性普遍高于其他工艺的原因之一。

可见，氧化镁的微观结构对其宏观性质有很大的影响。氧化镁要具有高活性，就要有高的表面能，而氢氧化镁分解生成氧化镁的过程就是具有很高应变能的共格形核[6]，控制好加热温度及保温时间以保证氢氧化镁的完全分解并抑制氧化镁晶体的生长，是得到高活性氧化镁的关键。

### 4.1.7 活性氧化镁的老化实验研究

氧化镁的活性是由其非稳态的高能结构造成的。而氧化镁活性降低的原因可以认为有两个，一是化学变化：氧化镁吸收水分或二氧化碳和水，转化为氢氧化镁或水合碱式碳酸镁，使活性降低；另一个是物理变化：氧化镁晶体在放置过程中晶格趋于完整，缺陷减小。本节主要对氧化镁的老化情况进行探讨。

老化试验：以自封口的塑料袋盛放产物氧化镁，保存于干燥器内，考察活性氧化镁的老化情况。将试样氢氧化镁在400℃、500℃、700℃和800℃下煅烧1h所得产物由自封口塑料袋封存于干燥器内。每隔7天，对其进行碘吸附测定实验。由实验结果可以看出（图4-15），随着存放时间的延长，氧化镁的吸碘值逐渐降低。其中，活性较高的氧化镁其吸碘值的变化幅度也较大。

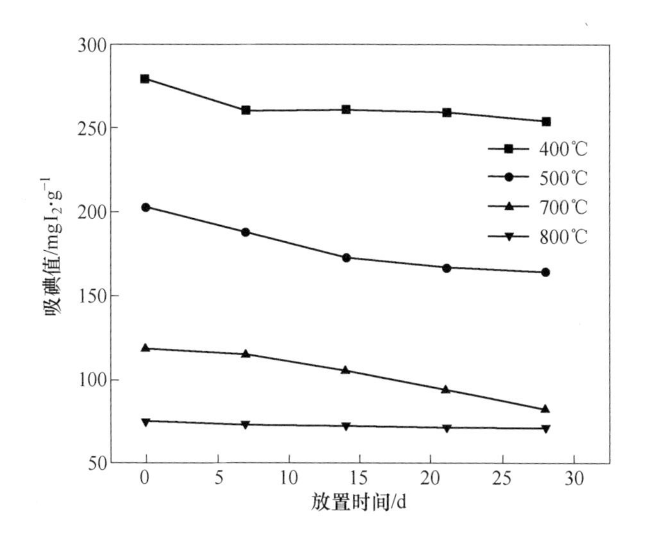


图4-15 氧化镁吸碘值随放置时间的变化关系

氢氧化镁在400℃和700℃下煅烧1h所得产物氧化镁在密封保存28天后，分别对放置前后的试样进行X射线衍射分析，结果如图4-16所示。从图中可以看出，放置28天后，试样并没有水化生成氢氧化镁。对比老化前后的衍射图谱可以发现，与图谱（a）、（c）相比，图谱（b）、（d）的基线逐渐变得低而平稳，峰形渐渐规整，变得尖而细。说明在密封性良好的保存条件下，活性氧化镁并不会发生化学变化而老化，而是由于其晶格逐渐趋于完整，令缺陷减小，从而导致活性氧化镁的老化。

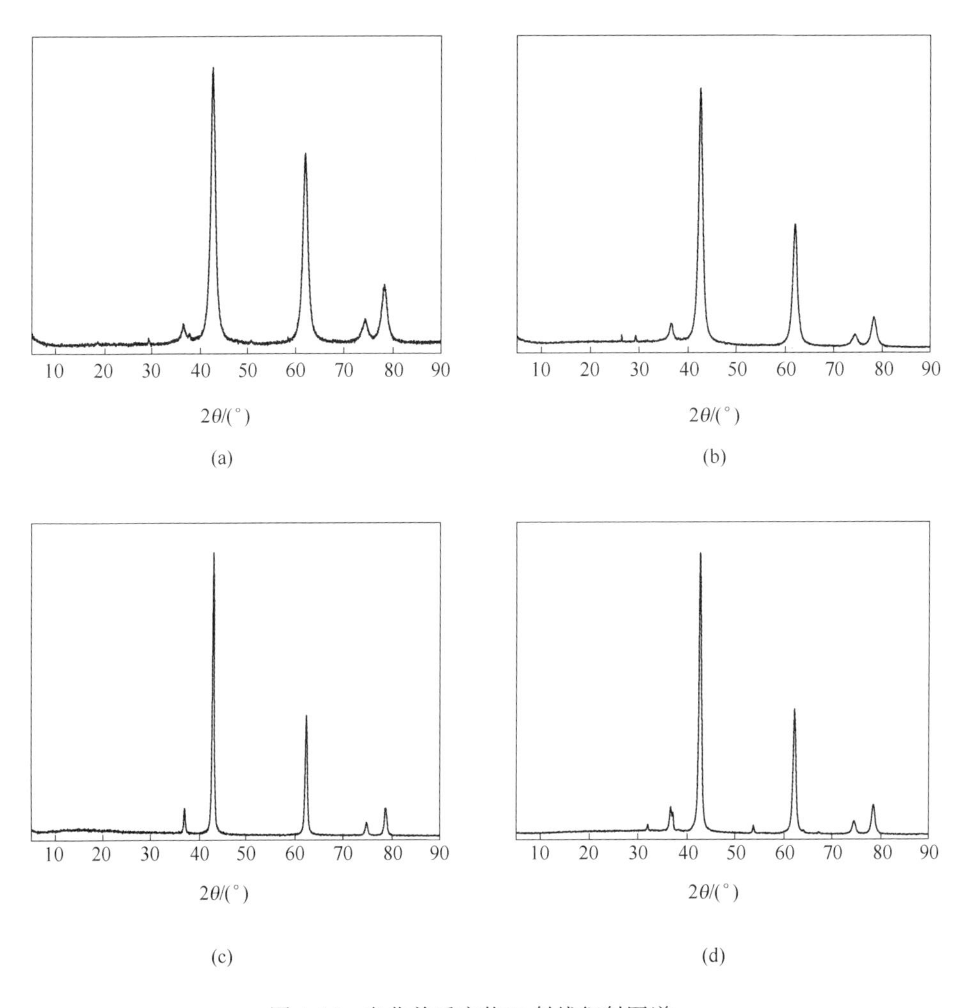


图 4-16　老化前后产物 X 射线衍射图谱

（a）400℃锻烧后氧化镁；（b）400℃锻烧氧化镁老化 28 天；

（c）700℃锻烧后氧化镁；（d）700℃锻烧氧化镁老化 28 天

## 4.2　水化工艺对高密度烧结镁砂制备的影响研究

利用菱镁矿制备的氧化镁粉体最重要的一个应用即为生产高致密度烧结镁砂。如前所述，将菱镁矿轻烧得到的氧化镁水化转变成氢氧化镁后，再轻烧得到的氧化镁的活性较高。大量文献表明[17~19]，提高氧化镁的活性对于促进烧结镁砂的致密化有积极的作用。因此本节将菱镁矿轻烧后分解得到的氧化镁直接水化，使之转变成氢氧化镁，并以此为原料，分析了不同工艺条件下，菱镁矿轻烧后再水化对烧结镁砂致密性的影响。

### 4.2.1 水化下不同制备工艺对烧结镁砂的影响

一般而言，菱镁矿在800~1000℃下煅烧得到的轻烧氧化镁最易烧结[20]。因此，本节实验首先将国内某耐火材料厂提供的菱镁矿（主要化学组成见表4-4）在850℃下煅烧2h，使其完全分解成氧化镁；然后将该种氧化镁通过与水结合转变成氢氧化镁。

**表4-4 本节实验用菱镁矿的主要化学组成**（质量分数） （%）

| 项目 | MgO | $SiO_2$ | CaO | $Fe_2O_3$ | $Al_2O_3$ | I. L. |
|---|---|---|---|---|---|---|
| 菱镁矿 | 47.04 | 0.31 | 0.87 | 0.23 | 0.15 | 51.40 |

4.2.1.1 氢氧化镁轻烧温度对烧结镁砂的影响

根据4.1节的研究结果可知，氢氧化镁在500℃已经可以完全分解成氧化镁，并且随着轻烧温度的升高，得到的氧化镁的活性呈降低趋势。Hirota等[21]的实验结果表明当轻烧温度超过1000℃时，由于活性较低，不利于烧结。因此，可将氢氧化镁的分解温度选择在600~900℃之间，即本节实验中，将氢氧化镁分别在600℃、700℃、800℃、850℃和900℃下煅烧1h，得到轻烧氧化镁。

图4-17示出了水化工艺下，氢氧化镁在不同轻烧温度时制备的烧结镁砂的体积密度和气孔率。可以看出，烧结镁砂的体积密度随轻烧温度的变化而不同。当氢氧化镁轻烧温度为600℃时，所制备的烧结镁砂的体积密度在整个轻烧温度范围内达到最大，其次是轻烧温度为850℃，而且这两种轻烧温度下制得的镁砂体积密度都超过了3.45g/cm$^3$；轻烧温度为800℃时制备的烧结镁砂体积密度也超过了3.40g/cm$^3$；另外，轻烧温度为700℃和900℃时，制备的烧结镁砂体积密度均低于3.40g/cm$^3$，达不到高密度烧结镁砂的要求。因此，最佳轻烧温度应选择600℃和850℃。

表4-5示出了氢氧化镁轻烧温度分别为600℃和850℃时所制备的烧结镁砂体积密度、开口气孔率和闭口气孔率的具体数据。由表4-5可见，与850℃轻烧条件下的试样相比，轻烧温度为600℃时得到的烧结镁砂的体积密度较大，开口气孔率较小，而闭口气孔率较大；然而，这两种镁砂的体积密度相差不是很大。如果单以密度来衡量烧结镁砂的质量，那么最佳轻烧温度应选择在600℃；但从烧结镁砂抗渣侵蚀的角度考虑，方镁石晶粒越大，抗侵蚀越好。因此还需要考虑最终产品烧结镁砂的显微结构。

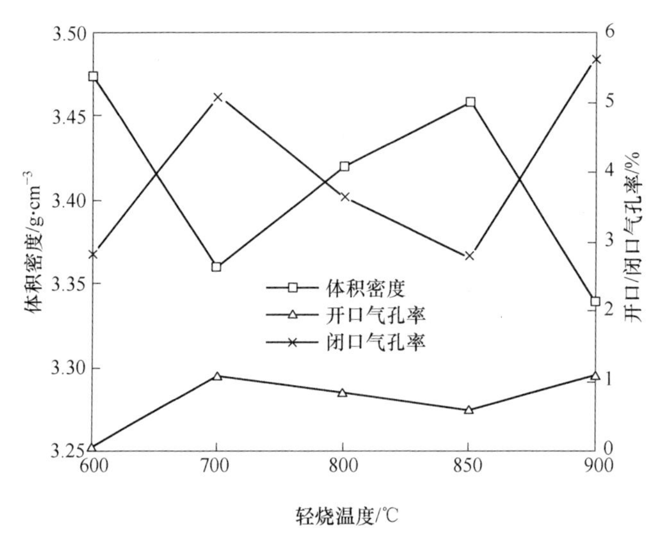


图 4-17　体积密度和气孔率随轻烧温度的变化

**表 4-5　由两种轻烧温度的轻烧氧化镁制得的烧结镁砂的性能指标**

| 轻烧温度/℃ | 轻烧氧化镁的物理性能 | | |
|---|---|---|---|
| | 体密度/g · cm$^{-3}$ | 开口气孔/% | 闭口气孔/% |
| 600 | 3. 47 | 0. 11 | 2. 83 |
| 850 | 3. 46 | 0. 58 | 2. 77 |

图 4-18 和图 4-19 分别示出了两种轻烧温度 600℃ 和 850℃ 下制得的烧结镁砂的显微结构图。由图 4-18 可见，轻烧温度为 600℃ 时的烧结镁砂晶粒大小不均匀，最大晶粒尺寸约为 40μm，并且小尺寸晶粒较多，杂质聚集较严重。而由图 4-19 可以看到，轻烧温度为 850℃ 时的镁砂晶粒较大且均匀，晶粒尺寸分布在 30~100μm，杂质均匀分布在晶界上。这是因为 600℃ 的轻烧氧化镁活性较高，在烧结初级阶段烧结驱动力较大，氧化镁颗粒急剧收缩，一次气孔很快消失，二次气孔消失较慢，不利于整体烧结，导致晶粒后期长大不均匀，而且在这过程中杂质形成的二次相不易排除而产生大量的聚集；而轻烧温度为 850℃ 时，轻烧氧化镁活性一般，烧结过程中收缩速度适中，晶粒可以均匀地长大[22]，杂质形成的二次相可以均匀分布在方镁石晶界上。因此，相比较而言，氢氧化镁选择 850℃ 为最佳轻烧温度。这与 Hirota 等[21] 的研究结果是一致的。

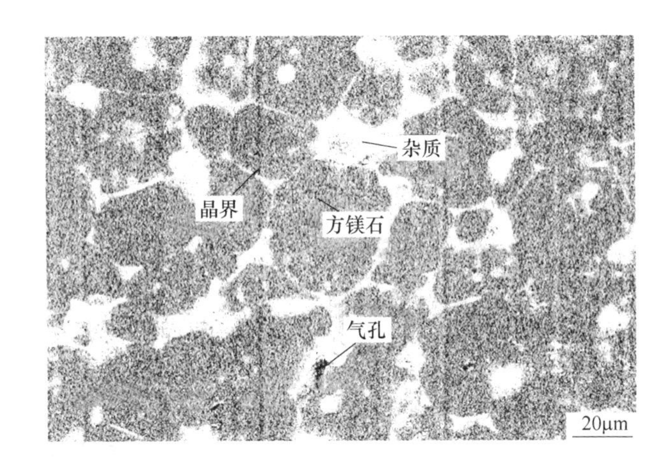


图 4-18 轻烧温度为 600℃的轻烧氧化镁制得的烧结镁砂的 SEM 照片

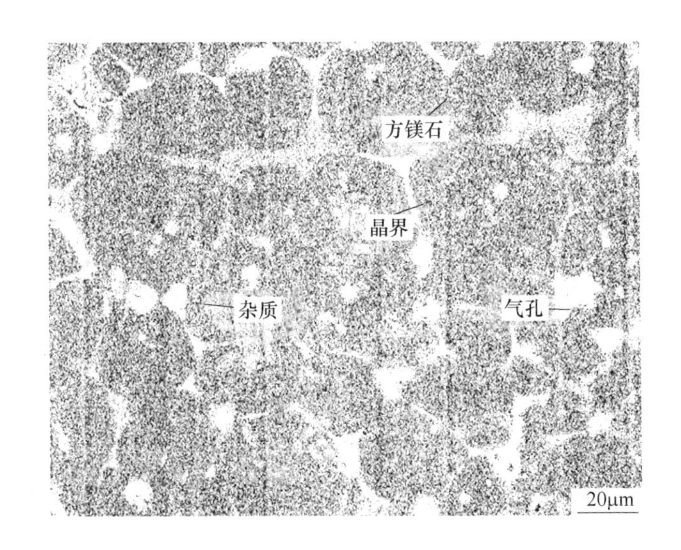


图 4-19 轻烧温度为 850℃的轻烧氧化镁制得的烧结镁砂的 SEM 照片

#### 4.2.1.2 成型压力对烧结镁砂的影响

疏松的坯体在烧结中不容易致密，而且存在大量气孔，降低了烧结动力[23]。为了提高坯体的烧结密度，需在高压下成型为致密的生坯。有研究表明[22,24,25]，随着成型压力的增加，生坯的密度提高，从而得到的烧结坯体密度也会随之增加。图 4-20 为成型压力对烧结镁砂体积密度的影响。随着成型压力的增加，体积密度不断增大，但增幅度很小，开口气孔率变化很小，闭口气孔率在成型压力小于 300MPa 时也几乎不变。这主要是由于成型压力小于 300MPa 时氧化镁粉的

“假晶”现象根本没有被破坏；当成型压力大于 300MPa 时，部分“假晶”得到了破坏[25]，使生坯更加密实，因此闭口气孔率明显降低。因此，单纯从成型压力角度而言，成型压力越大，烧结镁砂的体积密度越大。即尽管采用了水化工艺，使菱镁矿的“假晶”结构得到了破坏，但成型压力对烧结镁砂体积密度的影响与未采用水化工艺的趋势一致。

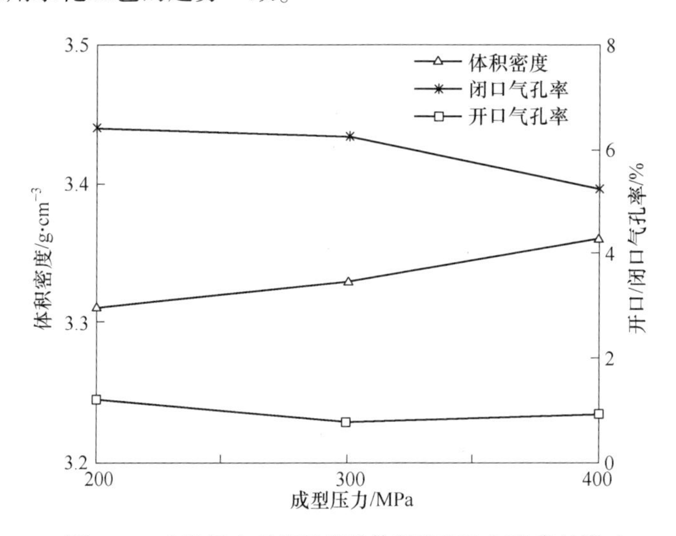


图 4-20 成型压力对烧结镁砂体积密度和气孔率的影响

4.2.1.3 细磨工艺对烧结镁砂的影响

氧化物粉料晶粒尺寸是影响烧结的关键因素，它与气孔率成反比关系，也就是说降低物料晶粒尺寸可有效促进烧结的进行，使烧结温度降低[26]。然而，降低物料晶粒尺寸最方便直接的办法就是将其细磨。因此本节讨论细磨工艺对烧结镁砂致密性的影响。

本节实验中，将水化后获得的氢氧化镁按照三种不同细磨工艺流程制备轻烧氧化镁，包括：煅烧—细磨；细磨—煅烧；细磨—煅烧—细磨。最后采用不同细磨工艺获得的氧化镁粉体制备烧结镁砂。

A 细磨工艺对烧结镁砂体积密度的影响

图 4-21 给出了不同阶段细磨工艺对烧结镁砂体积密度的影响。可以看出，在不同阶段中采用的细磨工序对烧结镁砂体积密度的影响差别显著。在 600~900℃的氢氧化镁煅烧温度范围内，采用氢氧化镁轻烧前细磨工序（煅烧—细磨）所制备烧结镁砂的体积密度较低，在 3.00~3.20g/cm$^3$之间波动；而将氢氧化镁先细磨后轻烧时（细磨—煅烧）制得烧结镁砂的体积密度提高到 3.20~3.30g/cm$^3$，但达不到优质烧结镁砂的要求；最后在第二种细磨工序的基础上再增加一道细磨工序，即将氢氧化镁先细磨—煅烧—再细磨时得到的烧结镁砂

的体积密度发生了显著提高，在600～850℃的轻烧温度范围内，镁砂的体积密度都大于3.30g/cm³，并且在600℃和850℃时分别达到了3.47g/cm³和3.46g/cm³。

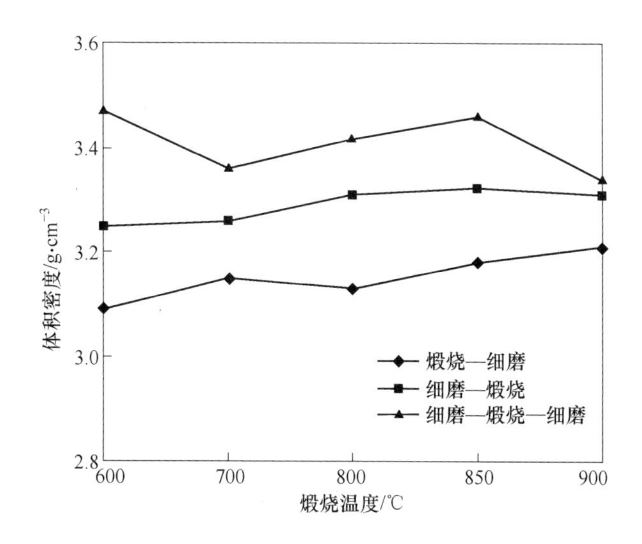


图 4-21 细磨工艺顺序对烧结镁砂体积密度的影响

B 细磨工艺对轻烧氧化镁粉末性质的影响

如前所述，经过两道细磨工序的轻烧氧化镁比只经过一道细磨工序的氧化镁烧结效果好。事实上，前者的物料尺寸也相对较小，具体数据见表 4-6。

**表 4-6 不同细磨工序下轻烧氧化镁粉末的粒度分布**

| 细磨工序 | 粒度/μm | | |
|---|---|---|---|
| | $D_{10}$ | $D_{50}$ | $D_{90}$ |
| 煅烧—细磨 | 3.625 | 12.528 | 31.386 |
| 细磨—煅烧 | 3.198 | 12.205 | 30.815 |
| 细磨—煅烧—细磨 | 2.775 | 10.916 | 29.209 |

注：$D_{10}$、$D_{50}$、$D_{90}$分别指体积占10%、50%和90%的平均粒度。

与此同时，前两种工艺流程虽然都经过一道细磨工序（先煅烧后细磨和先细磨后煅烧），但由于细磨的阶段不同导致最终的结果产生较大的差别。众所周知，氢氧化镁分解得到的氧化镁也保持着其母盐的晶体结构，即所谓的“假晶结构”，“假晶”的存在严重影响了氧化镁的高温烧结能力。因此，产生上述结果的原因可能与细磨对氧化镁“假晶”结构的破坏程度有关。下面就从轻烧氧化镁粉末的晶体形貌、比表面积、气孔分布及素坯体积密度来考察细磨工艺对轻烧氧化镁性质的影响。

图 4-22~图 4-24 依次示出了氢氧化镁经过先煅烧后细磨、先细磨后煅烧和煅烧前后均细磨三种不同方式制得的轻烧氧化镁粉末的 SEM 照片。氢氧化镁晶体属于二价金属水合物族，晶体结构是层状的 $CdI_2$ 型，形成连续的六边形；氧化镁晶体结构是 NaCl 型，属于面心立方结构。对比图 4-22~图 4-24 可以发现，图 4-23 与图 4-24 中呈现的氧化镁粉末的形貌有相似之处，而与图 4-22 所示有很大的差别。

由图 4-22 可见，氢氧化镁经过先煅烧后细磨的方式制得的轻烧氧化镁粉末中分布大量棱角分明的片状颗粒，而且看不到六边形形状的“假晶”结构，这是氢氧化镁层状晶体结构的团聚体。而图 4-23 和图 4-24 的粉末中存在明显的六边形形状的“假晶”结构，说明将氢氧化镁先经过细磨工序可以破坏氢氧化镁晶体结构的团聚体。

与图 4-23 相比较，图 4-24 中呈现的氧化镁粉末中“假晶”结构较少，而且看不到完整的六边形结构，只看到被破坏了的近六边形结构，并且细小颗粒较多。这些结果说明在氢氧化镁煅烧前细磨的基础上再加的一道煅烧后细磨工序可以将其中残留的“假晶”结构严重破坏。众所周知，轻烧氧化镁粉末中的“假晶”结构是阻碍其高温烧结能力的重要因素，而细磨是普遍采取的破坏“假晶”的方法，上述结果也表明，细磨工艺对“假晶”的破坏程度起着至关重要的作用。

图 4-22　氢氧化镁先煅烧后细磨制得的轻烧氧化镁的 SEM 照片

图 4-23　氢氧化镁先细磨后煅烧制得的轻烧氧化镁的 SEM 照片

图 4-24　氢氧化镁煅烧前后均细磨制得的轻烧氧化镁的 SEM 照片

另外，图 4-25～图 4-27 分别示出了三种轻烧氧化镁粉末的比表面积、气孔分布及它们成型后素坯的体积密度。图中 1 号、2 号、3 号分别代表氢氧化镁经过先煅烧后细磨、先细磨后煅烧和煅烧前后都细磨的三种工序得到的三类轻烧氧化镁。

由图 4-25 可见，1 号氧化镁粉末的比表面积最小，2 号氧化镁粉末的比表面积次之，3 号氧化镁粉末的比表面积最大。这是由于氢氧化镁的轻烧分解是自催化反应，颗粒表面先受热分解引起与其紧邻的部位结构变化而分解，反应由表及里；在反应向内部推进时，颗粒表面生成的活性氧化镁已开始烧结，结果使氢氧化镁颗粒转变为部分烧结的氧化镁硬团聚体。即使经过细磨工序仍会存在氢氧化镁晶体结构的团聚体，而且还会使粉体因轻烧不匀而导致活性降低，由此导致1号氧化镁粉末的活性较低。而2号氧化镁粉末由于在其氢氧化镁轻烧前的细磨工序破坏了母盐晶体之间的团聚，分散的氢氧化镁晶体轻烧后得到结构疏松的氧化镁，导致其比表面积较高。对于同一种物料，颗粒越小，比表面积就越大，由2号氧化镁粉末进一步细磨得到的3号氧化镁粉末的粒度更细（见表4-5），因此3号氧化镁的比表面积最大。

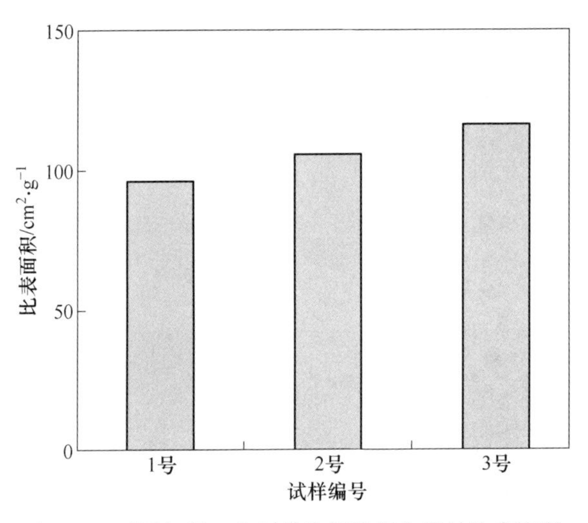


图4-25　不同细磨工艺制得的轻烧氧化镁的比表面积

在图4-26中，气孔尺寸在10～25nm（对应 $\lg D = 1 \sim 1.4$）范围内的为“假晶”结构内部的气孔，孔径>5μm（对应 $\lg D > 3.7$）的为“假晶”团聚体之间的气孔[22,27,28]。由图可见，在 $\lg D$ 为1～1.4范围内，1号氧化镁粉末的比孔容一直处于最高，3号氧化镁粉末的比孔容最低，2号介于两者之间。这说明1号氧化镁粉末中“假晶”结构较多，3号氧化镁粉末是这三种粉末中存在最少的“假晶”结构，这也与前面的分析相吻合。另外，再看孔径>5μm的气孔分布情况，3号粉末中在该范围内的气孔几乎为0，也就是“假晶”团聚体之间的气孔很少，同时说明了这种粉末内部的“假晶”团聚体基本上被消除。根据李楠等[29,30]提出的氧化镁烧结理论，氧化镁坯体的烧结包括“假晶”内氧化镁微晶团聚体的烧结和“假晶”团聚体之间的烧结。由于“假晶”内部的微晶氧化镁具有很高的活性，极易烧结（烧结温度低于1200℃），在氧化镁坯体的烧结过程中起决定性作用的是“假晶”团聚体之间的烧结和团聚体之间气孔的排除[1,30]。综上可得，3号氧化镁粉末较易烧结。

图4-27为三种氧化镁粉末在200MPa成型压力下的素坯体积密度。1号素坯体积密度最小，2号的次之，3号的体积密度最大。这是由于构成素坯各颗粒的密度

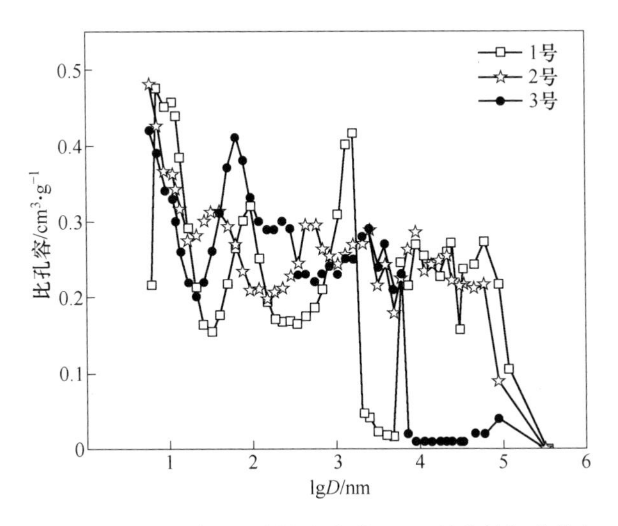


图 4-26 不同细磨工艺制得的轻烧 MgO 粉末的气孔分布

存在着如下的关系：MgO 单晶≫MgO 单晶的团聚体 > $Mg(OH)_2$ 晶体骨架(所谓的“假晶”结构)≫$Mg(OH)_2$ 晶体骨架的团聚体（“假晶”团聚体），并且素坯体积密度受到 $Mg(OH)_2$“假晶”结构和其团聚体存在程度的影响。另外，由于这三种氧化镁粉末均是在 200MPa 下成型，根据 Yamamoto[22] 和陈荣荣[25] 的研究结果得知这个压力水平并不能破坏粉末中的“假晶”结构及其团聚体。在成型过程中，压力克服团聚体颗粒之间的摩擦力进行重排导致气孔减少。因此，团聚体颗粒越少，压块越容易压实。

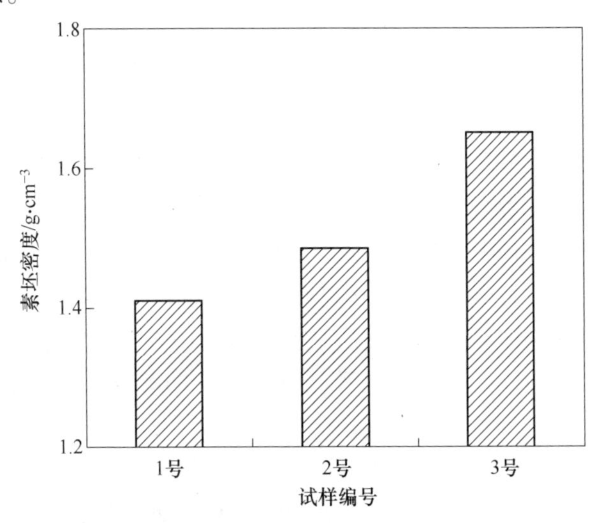


图 4-27 不同细磨工艺制得的轻烧氧化镁经 200MPa 成型后的素坯密度

### 4.2.2　水化下不同菱镁矿原料对烧结镁砂的影响

在4.2.1节中讨论了水化条件下不同制备工艺对烧结镁砂的影响，并获得了制备高密度烧结镁砂的最佳工艺条件。为了验证水化工艺对不同菱镁矿原料制备高密度烧结镁砂均具有有利影响，本节实验采用了不同的菱镁矿原料，首先在850℃下煅烧2h，随后进行水化处理转变为氢氧化镁，再经过“细磨—850℃轻烧—细磨”工艺获得氧化镁粉体，最后再于300MPa下成型，1600℃下高温烧结3h，获得烧结镁砂。

4.2.2.1　辽南低钙菱镁矿

使用低钙菱镁矿，取料于辽南某耐火材料公司，其化学组成见表4-7。

**表4-7　辽南低钙菱镁矿的主要化学组成**（质量分数）　　（%）

| MgO | CaO | $SiO_2$ | $Fe_2O_3$ | $Al_2O_3$ | I. L. |
|---|---|---|---|---|---|
| 46.55 | 0.40 | 1.39 | 0.47 | 0.26 | 50.93 |

表4-8示出了利用该菱镁矿经过上述水化工艺后，所制备的烧结镁砂体积密度、开口气孔率和闭口气孔率。可见，其体积密度超过了3.40g/cm$^3$，开口气孔率极低，从而验证了水化工艺对于以低钙菱镁矿为原料亦可制备出高密度烧结镁砂。

**表4-8　利用辽南低钙菱镁矿经水化工艺制备的烧结镁砂性能**

| 体积密度 /g · cm$^{-3}$ | 开口气孔率 /% | 闭口气孔率 /% |
|---|---|---|
| 3.41 | 0.97 | 3.78 |

图4-28所示为该菱镁矿经水化工艺所制备的烧结镁砂的显微结构形貌图。可见，方镁石晶粒多呈椭圆及四边形，晶粒发育较完整。同时，方镁石晶粒间存在明显的晶界，这是由于该菱镁矿中杂质含量较高，且$CaO/SiO_2$比值较低，形成了较多的液相烧结。可以预见，虽然采用水化工艺制备了体积密度大于3.40g/cm$^3$的烧结镁砂，但由于其晶界间低熔点杂质相含量较高，其高温使用性能将较差。

4.2.2.2　辽南高钙高铁菱镁矿

该原料来源于辽南某耐火材料公司，为高铁高钙菱镁矿，将其分解后得到的轻烧氧化镁粉末的主要化学组成见表4-9。

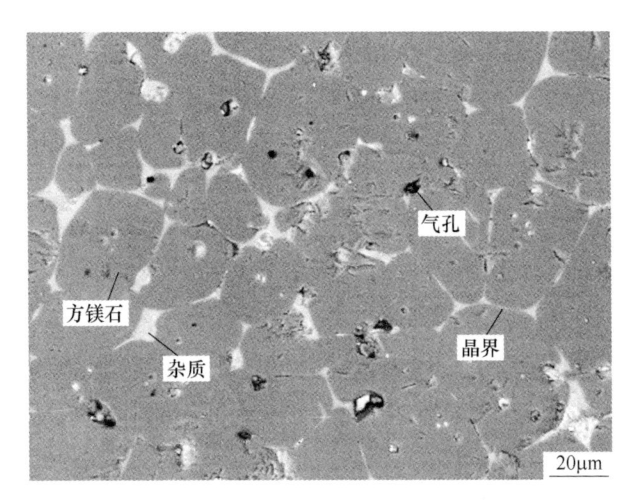


图 4-28　辽南低钙菱镁矿水化工艺制备的烧结镁砂的显微结构

**表 4-9　高钙高铁菱镁矿制得的氧化镁的化学组成**（质量分数）　（%）

| MgO | $SiO_2$ | CaO | $Fe_2O_3$ | $Al_2O_3$ | I. L. |
|---|---|---|---|---|---|
| 94.35 | 0.72 | 1.65 | 1.18 | 0.25 | 1.85 |

采用该种菱镁矿原料，利用上述相同水化工艺制备烧结镁砂。图 4-29 对比

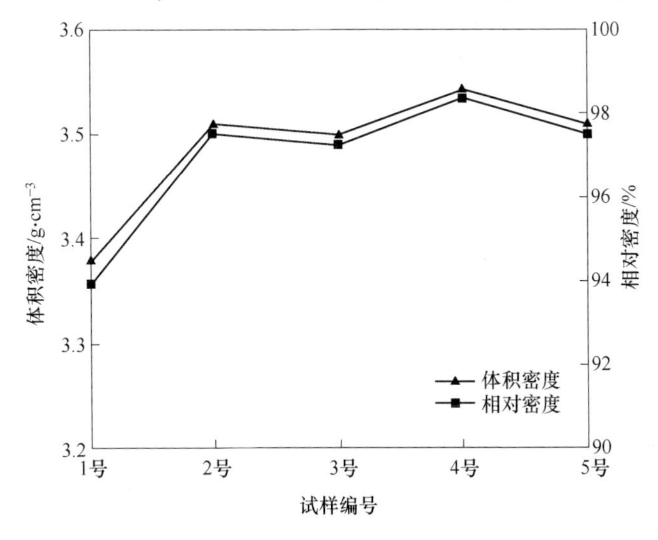


图 4-29　高钙高铁菱镁矿未水化和水化后制备的烧结镁砂的体积密度和相对密度
试样 1 号—该种菱镁矿未水化处理直接经过两级细磨后制得的烧结镁砂；
试样 2 号～试样 5 号—菱镁矿水化处理后所得氢氧化镁的轻烧温度分别为 600℃、700℃、800℃和 900℃时制备的烧结镁砂了高钙高铁菱镁矿未水化处理和水化工艺处理后制得的烧结镁砂的体积密度和相对密度。可见，菱镁矿在未水化处理下所制备烧结镁砂的体积密度仅3. 38g/cm³，相对密度为94%；而采用水化工艺将菱镁矿水化处理成氢氧化镁后，在不同轻烧温度下制备的烧结镁砂的体积密度均高于3. 40g/cm³，相对密度均超过97%。另外，轻烧温度为800℃时烧结镁砂的相对密度达到了最高值。这也表明，对于高钙高铁菱镁矿，利用水化工艺亦可制备出高密度烧结镁砂。

图4-30为该菱镁矿水化得到的氢氧化镁在轻烧温度800℃下制备的烧结镁砂断面的扫描电镜图。其明显特征在于方镁石晶粒较大，气孔率极低，这主要是由于高含量 $Fe_2O_3$ 固溶于 MgO 中能促进 MgO 晶粒的发育。

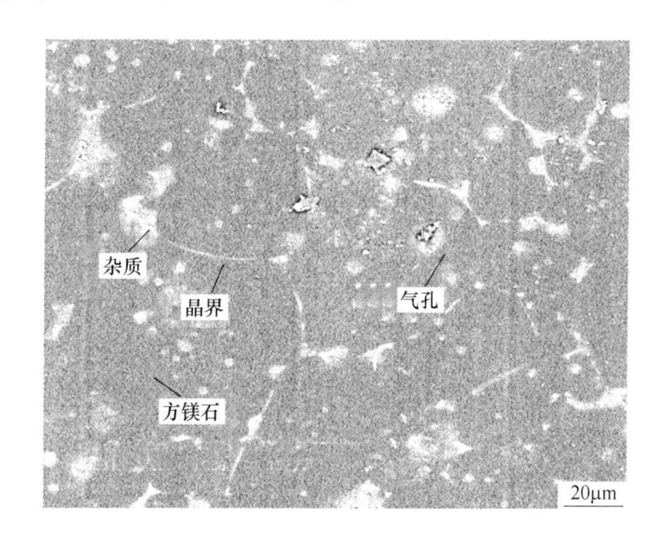


图4-30　高钙高铁菱镁矿经水化处理后制备的烧结镁砂的显微结构图

#### 4.2.2.3　辽南高钙硅比菱镁矿

该菱镁矿原料来源于辽南某耐火材料公司，其主要化学组成见表4-10。从表中可以看出，菱镁矿中氧化镁的含量较高，为47. 02%，且（CaO）/（$SiO_2$）比值较高，为2. 35。

**表4-10　后英产菱镁矿的化学组成**（质量分数）　　（%）

| MgO | $SiO_2$ | CaO | $Fe_2O_3$ | $Al_2O_3$ |
|---|---|---|---|---|
| 47. 02 | 0. 65 | 1. 53 | 0. 047 | 0. 18 |

图4-31示出了未经水化处理得到的烧结镁砂试样A#和经水化处理后得到的烧结镁砂试样B#的体积密度和气孔率。可以看出，经过水化处理制备的烧结镁砂试样B#的体积密度较未经水化处理的烧结镁砂试样A#有显著的提高，其体积

密度超过了 3.40g/cm$^3$。开口气孔率从 0.87%下降到了 0.12%，闭口气孔从 8.7%下降到 2.3%。由此可见，对于该高钙硅比菱镁矿，通过水化处理工艺亦可获得高密度的烧结镁砂。

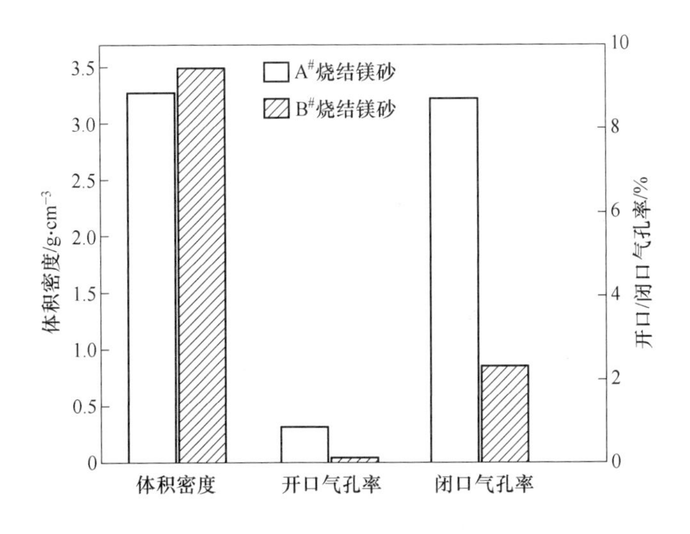


图 4-31 两种烧结镁砂的体积密度和气孔率

### 4.2.3 水化与未水化下烧结镁砂的对比研究

为了进一步考察该水化工艺方法对氧化镁的性质及其烧结能力的影响，本节设计了一个对比实验：将菱镁矿按耐火材料企业现行的生产方式，即轻烧—细磨(粒度<0.052mm)—成型—烧结，将制得的轻烧氧化镁和烧结镁砂分别记为 1 号轻烧氧化镁和 1 号烧结镁砂；另一组则将菱镁矿采用上述水化工艺流程，得到的轻烧氧化镁和烧结镁砂分别记为 2 号轻烧氧化镁和 2 号烧结镁砂。轻烧温度均为 850℃，烧结温度均为 1600℃。

4.2.3.1 水化对烧结镁砂致密性的影响

图 4-32 示出了菱镁矿经过两种不同工艺流程制得的烧结镁砂的体积密度和气孔率。可以看出，1 号烧结镁砂的体积密度约为 3.30g/cm$^3$，开口气孔率为 2.08%，闭口气孔率则超过 6%；2 号烧结镁砂的体积密度超过了 3.40g/cm$^3$，明显高于 1 号烧结镁砂，另外其开口气孔率和闭口气孔率分别为 0.6%和 2.8%，均大幅低于 1 号烧结镁砂。

图 4-33 和图 4-34 分别给出了 1 号烧结镁砂和 2 号烧结镁砂的显微结构图。可见，1 号烧结镁砂中方镁石晶体没有发育成熟（看不到完整的六边形状的晶粒)，晶界发育很不完整，而且较大尺寸的气孔遍布在整个断面的任何角落。而

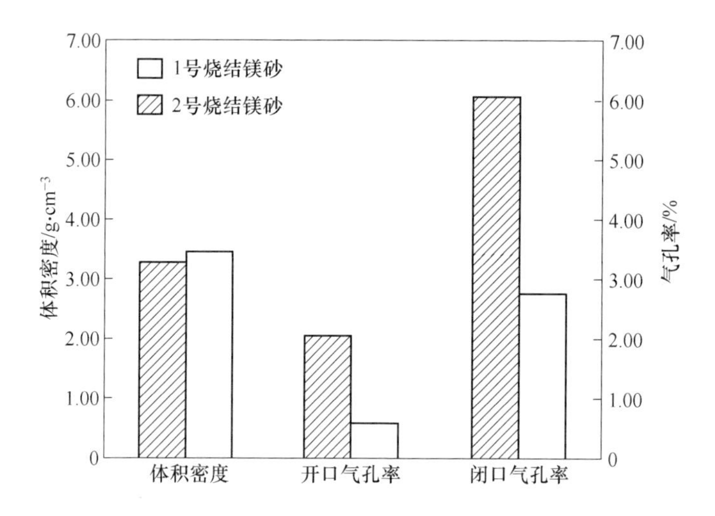


图 4-32 未水化和水化处理制备的烧结镁砂的体积密度和气孔率

由 2 号烧结镁砂的显微结构可以看出，完整的方镁石晶体紧密结合在一起，二次结合相均匀分布在晶界上，偶尔在结合相的交叉处出现一个微小的气孔。这表明水化工艺对于促进 MgO 晶粒的发育和长大，以及坯体内部气孔的排出都起到了积极的作用。

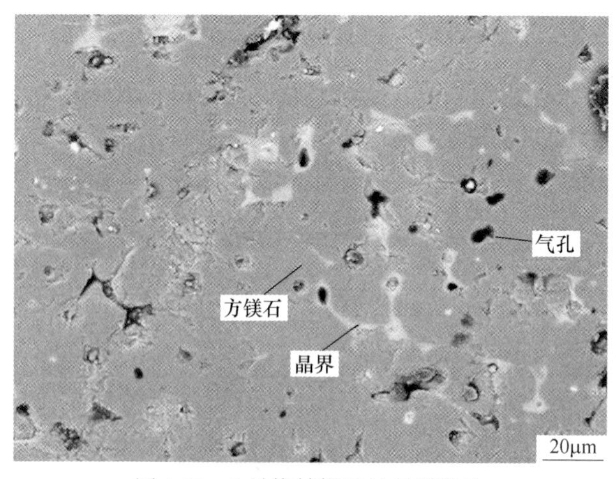


图 4-33 1 号烧结镁砂的显微结构

4.2.3.2 水化对轻烧氧化镁粉体性质的影响

由上述分析可知，2 号烧结镁砂的体积密度明显大于 1 号烧结镁砂的体积密度，并且其显微组织结构显著优于 1 号烧结镁砂。由于两种镁砂的烧结制度一样，因此出现这种明显的差异应该归结于轻烧氧化镁的性质差异。下面将具体对

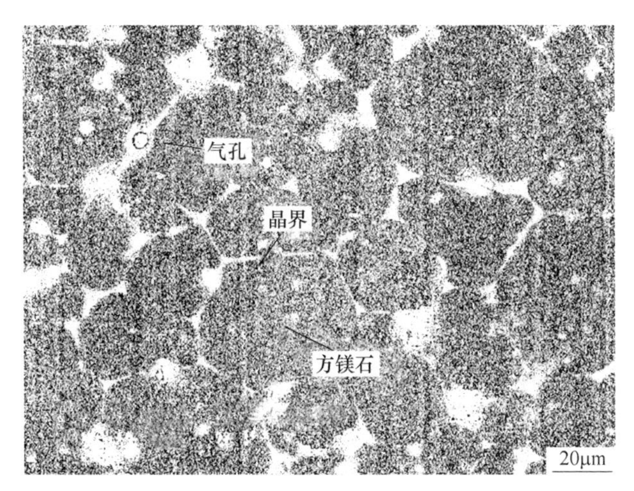


图 4-34 2 号烧结镁砂的显微结构

比分析菱镁矿和氢氧化镁分解得到的轻烧氧化镁的晶体形貌、晶体结构及比表面积等性质的差异，此处氢氧化镁指的是菱镁矿轻烧后水化制得的氢氧化镁。

A 轻烧氧化镁的晶体形貌

图 4-35 和图 4-36 分别为菱镁矿和氢氧化镁粉体的显微形貌图。对比可以看出，菱镁矿晶体呈菱形结构，为典型的菱镁矿晶型；而氢氧化镁的形貌呈片状六边形结构，表明水化处理可破坏菱镁矿的“假晶”结构。同时，对比分解后的产物形貌，由菱镁矿分解制备的轻烧氧化镁粉末（图 4-37）晶体形貌棱角分明，存在完整的未被破坏的菱形结构，可以看出其保留了菱镁矿的晶体形貌，即所谓的“假晶结构”；而由氢氧化镁分解的氧化镁晶体形貌（图 4-38）呈六边形，保留了 $Mg(OH)_2$ 的晶体形貌，完全摆脱了菱镁矿的影响。而菱镁矿“假晶”的存在严重影响了氧化镁的高温烧结，限制了烧结镁砂的致密化过程。

图 4-35 菱镁矿粉体的显微形貌图

图 4-36 氢氧化镁粉体的显微形貌图

图 4-37 菱镁矿制得的 1 号轻烧氧化镁的显微形貌图

图 4-38 氢氧化镁制得的 2 号轻烧氧化镁的显微形貌图

B 轻烧氧化镁的粒度分布

表4-11给出了两种轻烧氧化镁粉末的粒度分布。在0~10μm范围内，1号MgO粉末中累计分布为57.55%，略高于2号MgO粉末的53.30%，对应于1号MgO粉末的$D_{50}$为5.32μm，2号MgO的$D_{50}$为9.11μm；而在10~20μm和20~30μm两个粒度范围内，2号MgO中频率分布为27.25%和13.3%，几乎是1号MgO中的11.84%和6.78%的两倍左右。上述这些数据的累积结果显示2号MgO粉末中有93.85%的颗粒粒度小于30μm，而1号MgO粉末中只有76.17%的颗粒粒度在0~30μm范围内。另外，在2号MgO粉末中99.12%的颗粒粒度在0~50μm范围内，只有0.88%的颗粒粒度大于50μm；与此相比，1号MgO粉末中却有11.89%的颗粒粒度大于50μm。因此，1号MgO粉末和2号MgO粉末的$D_{90}$分别表现为55.40μm和25.96μm。上述这些数据均形象地说明了2号MgO粉末比1号MgO粉末的粒度较小，同时考虑到2号MgO细磨的时间和力度远低于1号MgO（1号MgO经过球磨3h，2号MgO是在研钵中人工手磨15min，通常球磨的力度较大），由此可得2号MgO硬度较小，易破碎；而1号MgO硬度较大、不易破碎。这种由水化处理带来的氧化镁硬度的改变，可以很大程度地减少生产中细磨的时间及力度，因此可预见其生产效率和能源利用率都得到了提高。

**表4-11 轻烧氧化镁粉末的粒度分布**

| 粒度分布/μm | 频率分布/% | | 累积分布/% | |
|---|---|---|---|---|
| | 1号MgO粉末 | 2号MgO粉末 | 1号MgO粉末 | 2号MgO粉末 |
| 0~10 | 57.55 | 53.30 | 57.55 | 53.30 |
| 10~20 | 11.84 | 27.25 | 69.39 | 80.55 |
| 20~30 | 6.78 | 13.3 | 76.17 | 93.85 |
| 30~40 | 7.22 | 3.48 | 83.39 | 97.33 |
| 40~50 | 4.72 | 1.79 | 88.11 | 99.12 |
| >50 | 11.89 | 0.88 | 100.00 | 100.00 |
| 粒径参数 | 1号MgO粉末 | | 2号MgO粉末 | |
| $D_{50}$ | 5.32 | | 9.11 | |
| $D_{90}$ | 55.40 | | 25.96 | |

由上述的分析结果可知，与菱镁石煅烧制得的1号轻烧MgO粉末相比，由

$Mg(OH)_2$煅烧制得的 2 号轻烧 MgO 粉末更易破碎、易烧结，这可能是母盐在分解过程中对它们的影响不同所造成的。$Mg(OH)_2$ 在分解过程中生成的 MgO 小颗粒具有很高的表面能，从而会形成一定尺寸的团聚体，与此同时在界面间发展起来的应力能够使 $Mg(OH)_2$ 内部产生破裂，而且这种破裂能扩展到尚未分解的 $Mg(OH)_2$内；然而在 $MgCO_3$ 分解过程中破裂仅发生在孤立的分解区域，这种传播式的破裂不会发生[31]。另外，有研究指出，水化可以使轻烧氧化镁的颗粒破裂[32]。因此，$Mg(OH)_2$ 在分解过程中发生的破裂较为严重，致使其分解得到的 MgO 也较易粉碎，从而在生产中可以减少为破坏菱镁矿“假晶”而深度细磨的强度[33,34]。

图 4-39 为轻烧 MgO 粉末的 XRD 图谱。可见，两种轻烧 MgO 粉末的各衍射峰位置和强度均与面心立方晶体结构的 MgO 完全一致，而且主衍射峰比较尖锐，表明菱镁矿和 $Mg(OH)_2$ 在 850℃时都完全分解成了结晶较完全的面心立方晶相的 MgO。这里，1 号 MgO 的晶粒尺寸 $d$ 为 19.25nm，2 号 MgO 的晶粒尺寸 $d$ 为 16.25nm。1 号 MgO 的晶粒尺寸较大，说明其晶粒生长较成熟，相对地，晶格缺陷就较少，活性就较低。

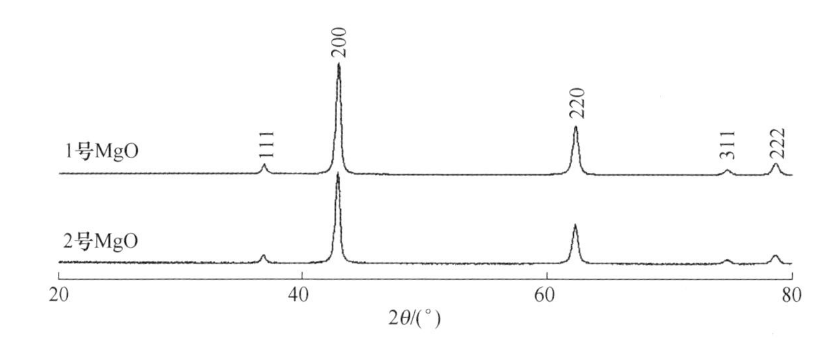


图 4-39 1 号 MgO 和 2 号 MgO X 射线分析结果

C 轻烧氧化镁的红外吸收光谱

图 4-40 示出了菱镁矿、$Mg(OH)_2$ 及 1 号 MgO 粉末和 2 号 MgO 粉末的红外吸收光谱曲线。可见，420~680$cm^{-1}$处的强而宽的吸收峰为 Mg-O-Mg 键，存在于 MgO 与 $Mg(OH)_2$ 中[35]；另外，885$cm^{-1}$处较弱的和 1493$cm^{-1}$处较强的吸收峰均是 Mg-O 键，存在于两种 MgO 中。而在菱镁矿中由于受官能团 $CO_3^{2-}$（748$cm^{-1}$、887$cm^{-1}$和 1440$cm^{-1}$）的影响而覆盖了 MgO 的特征[36]；1610~1640$cm^{-1}$处弱吸收峰为 $Mg(OH)_2$ 和 MgO 表面吸收的水分子；3200~3400$cm^{-1}$为结合水的吸收峰，存在于镁盐的结晶水、氢氧化物和水合金属氧化物中[37]；3700$cm^{-1}$为 O—H 的振动峰，存在于 $Mg(OH)_2$ 中。

此外，对比图 4-40 中 1 号 MgO 粉末和 2 号 MgO 粉末的红外光谱吸收曲线可以发现，除了在 $1620cm^{-1}$ 和 $3400cm^{-1}$ 处 1 号 MgO 粉末比 2 号 MgO 粉末的吸收峰较强外，在 $1440cm^{-1}$ 处 1 号 MgO 粉末存在吸收峰，而 2 号 MgO 粉末不存在吸收峰。这说明 1 号 MgO 粉末中存在官能团 $CO_3^{2-}$ 的残留物，尽管菱镁矿已经完全分解，而其水化后能完全转变成 $Mg(OH)_2$ 的结构，这与 Razouk 等[38]的研究结果是一致的。这种 $CO_3^{2-}$ 的残留物由于存在于 MgO 晶格内，在进一步烧结过程中生成的 $CO_2$ 气体并不能起到催化作用，而且会影响方镁石晶粒的生长[39]。

在 $1620cm^{-1}$ 和 $3400cm^{-1}$ 处 1 号 MgO 粉末的吸收峰均比 2 号 MgO 粉末强，这是由于菱镁矿和 $Mg(OH)_2$ 采用爆烧方式（850℃）分解后便在空气中冷却至室温，所以在这一过程中 1 号 MgO 粉末吸水较多。一般而言，少量的水在 MgO 的烧结过程中可起催化作用[40]，促进烧结。因此，1 号 MgO 粉末中的水分对烧结是有利的。然而，Anderson 等[41]的研究发现，水能促进 MgO 烧结的机理是其溶解到 MgO 内部产生空位。而 $Mg(OH)_2$ 在分解过程中放出的水能小部分固溶到 MgO 晶体内，从而产生大量的双空位，双空位扩散能很小，并在室温中存在[42]。因此，相对于 1 号 MgO 粉末含有的吸附水来说，2 号 MgO 粉末中本身固溶的水在烧结过程中能起到更大的促进作用；再加上 2 号 MgO 粉末中不存在官能团 $CO_3^{2-}$ 残留物的制约，所以在 1600℃烧结 3h 得到的烧结镁砂中，2 号烧结镁砂比较致密，晶粒大且完整，气孔少；1 号烧结镁砂不致密，晶粒未发育完全，且气孔较大。

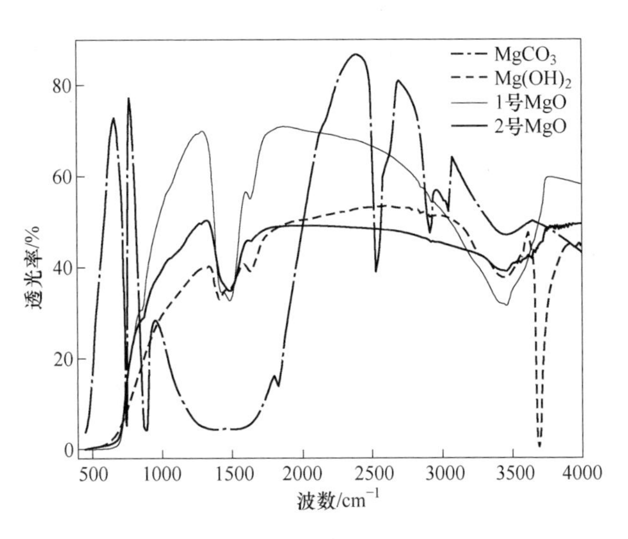


图 4-40 两种原料及其轻烧氧化镁的红外光谱曲线

### 4.2.4　水化下氧化镁粒度对烧结镁砂的影响

在 4.2.1.3 节中虽然讨论了水化工艺下，各细磨工艺对烧结镁砂致密性的影响，但其细磨工艺应用在实际生产中，则难以把握。因此，为进一步科学地研究水化下细磨工艺对烧结镁砂的影响，有必要对水化后所制备的氧化镁粒度进行量化，有助于阐明水化工艺下细磨程度与高密度烧结镁砂之间的关系。

在本节实验中，采用水化球磨工艺，即边水化边进行球磨得到氢氧化镁，根据球磨时间的长短得到不同粒度氧化镁粉体，并着重讨论所获得的不同粒度氧化镁粉体对于烧结镁砂致密性的影响。其工艺过程为：将菱镁矿经 850℃ 轻烧得到的 MgO 粉体与玛瑙球及去离子水充分混合后置于球磨罐内，并在行星式球磨机上进行高能球磨制备出不同粒度的氢氧化镁粉体；然后将这些氢氧化镁粉体在 850℃ 下煅烧 1h 制得不同粒度的 MgO 粉体；最后，将 MgO 粉体经成型后分别在 1400℃、1500℃ 和 1600℃ 下烧结 2h 制得烧结镁砂。

4.2.4.1　水化球磨对 MgO 粉体的影响

水化球磨的过程是先将 MgO 粉体与水一并球磨转化为氢氧化镁，然后以氢氧化镁为前驱体再经煅烧制成 MgO 粉体。图 4-41 示出了球磨时间与最终制备的 MgO 粉体平均粒径的关系。可以看出，延长球磨时间可以有效地降低 MgO 粉体粒度，根据不同球磨时间可得到 MgO 粉体平均粒度分别为 40.8μm、28.7μm、18.6μm、13.5μm、7.17μm、4.43μm、3.89μm、3.12μm 和 2.27μm。其中，平均粒度为 40.8μm 的粉体是由菱镁矿粉煅烧得到的 MgO 粉体在未经球磨的情况下直接水化制备得到。

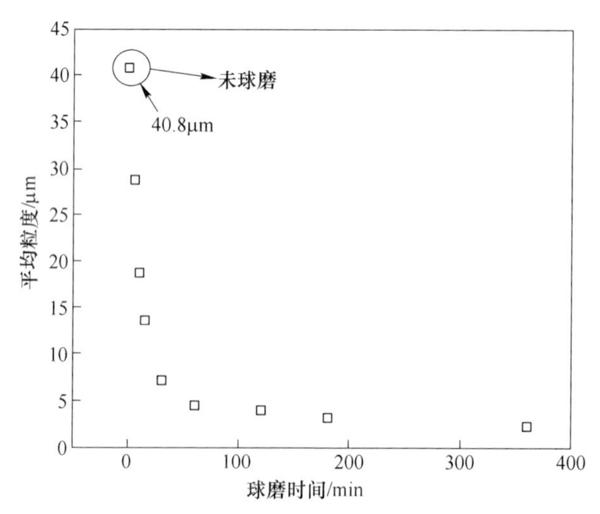


图 4-41　球磨时间与粉体平均粒度的关系

图 4-42 为不同粒径 MgO 粉体的物相衍射图谱。与氧化镁卡片 00-004-0829 比较，粉体中只检测出方镁石相，说明 MgO 粉体纯度较高。水化球磨制备的 MgO 粉体的两个主晶面（200）及（220）的衍射峰形较为平滑，没有出现双峰的情况。尤其对于平均粒度为 40.8μm 的 MgO 粉体，其制备过程未经过球磨，但峰形与其他粒度 MgO 粉体一样。说明水化过程造成了氧化镁的晶格畸变，而球磨过程只起到降低 MgO 粉体颗粒粒径的作用。

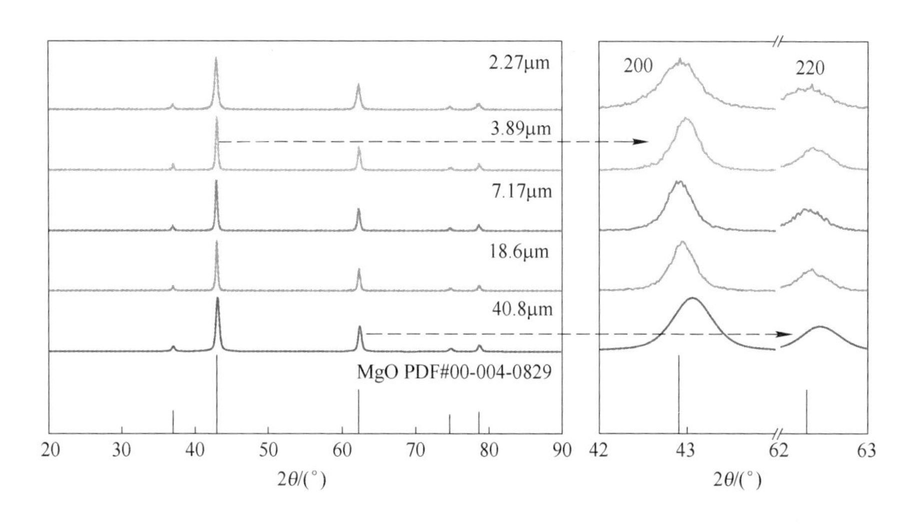


图 4-42 不同粒度 MgO 粉体的物相分析

图 4-43 为水化球磨法制备的 MgO 粉体微观形貌。可以看出，水化球磨法制备的 MgO 颗粒形貌依旧保持了矿粉的原始形貌特征，但其表面主要由大量片状 MgO 微晶组成。这些片状 MgO 微晶是由粒径更小的微晶团聚形成，MgO 微晶之间存在大量孔隙，表明颗粒表面积较高，化学活性很强。随着球磨时间的增加，MgO 颗粒粒径明显降低，片状 MgO 微晶也逐渐减少，圆形颗粒状 MgO 微晶增多。水化球磨法制备的 MgO 粉体有着更高的比表面积和更多的内孔，化学活性也会更高。

氧化镁水化过程属于固液异相反应过程[43]，MgO 颗粒表层的 MgO 微晶与水反应会形成 $Mg(OH)_2$ 微晶；然后 $Mg(OH)_2$ 微晶向水溶液中扩散，水分子穿过颗粒表面的 $Mg(OH)_2$ 层与内部 MgO 接触，最后整体形成 $Mg(OH)_2$ 颗粒，其过程如图 4-44 所示。在这个过程中，颗粒表面紧密连接在一起的 MgO 微晶之间首先发生分裂，然后每个 MgO 微晶水化形成六边形的 $Mg(OH)_2$ 微晶，这些 $Mg(OH)_2$ 微晶会重新团聚在一起。另外，球磨过程可以破坏 MgO 微晶之间的连接，使颗粒粒度减小，增大颗粒与水的接触面积，提高水化反应速率。

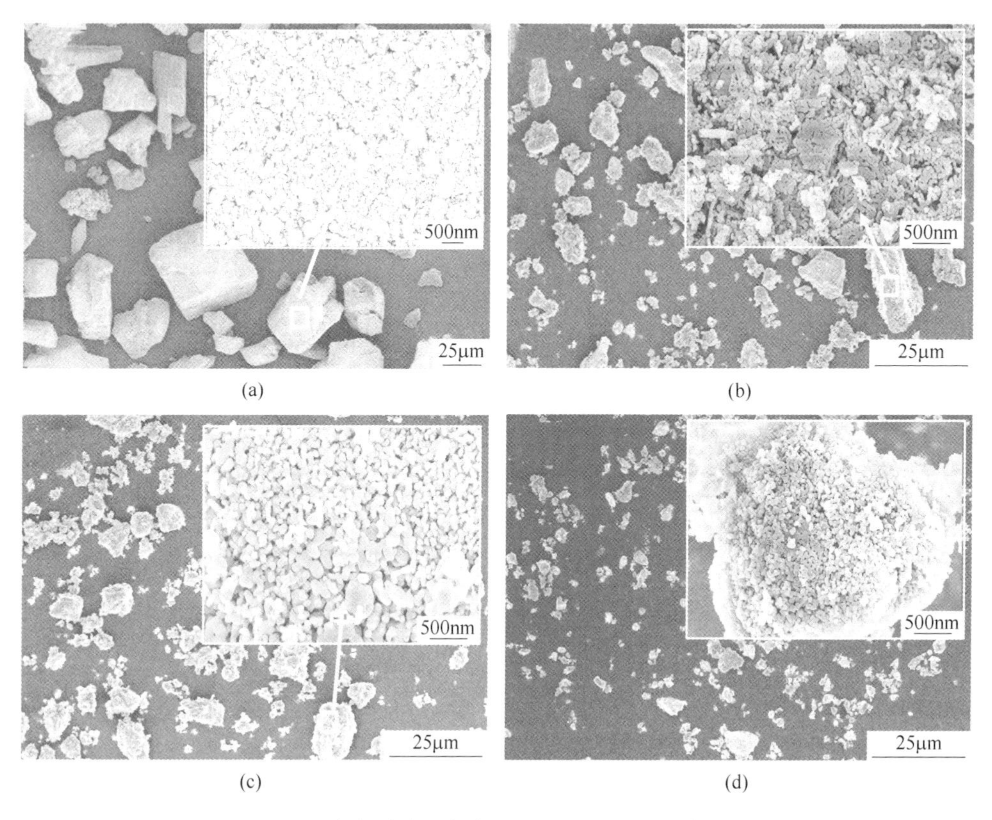


图 4-43　水化球磨法制备的不同粒度 MgO 粉体形貌
（a）40.8μm；（b）7.17μm；（c）3.89μm；（d）2.27μm

$Mg(OH)_2$ 分解温度大约开始于 300℃，六边形密堆积层状结构的 $Mg(OH)_2$ 晶粒首先出现晶面缺陷，然后 MgO 在径向晶面上迅速重结晶并产生极大的晶格畸变，最终会导致 $Mg(OH)_2$ 晶格破裂，从而形成更多较小粒径的 MgO 晶粒。与菱镁矿分解相似，$Mg(OH)_2$ 分解得到的 MgO 也具有"假晶"结构（图 4-44(c)）。但不同的是，$Mg(OH)_2$ 与产物 MgO 之间存在着拓扑关系，MgO 微晶按一致取向紧密排列在一起，始终保持 $Mg(OH)_2$ 的晶格结构，故而会产生较大的畸变。因此，利用水化球磨法可以制备得到具有较大晶格畸变且活性较高的 MgO 粉体。

4.2.4.2　水化球磨对烧结镁砂致密性及微观结构的影响

图 4-45 示出了 MgO 粉体平均粒度与烧结镁砂体积密度的关系。可以看出，MgO 粉体粒度与镁砂体积密度呈显著指数相关，且随着粉体粒度的减小，烧结体体积密度明显增大，最大可以达到 $3.46g/cm^3$，这与以菱镁矿为前驱体的实验结果相似。但不同的是，在烧结温度和粉体粒径相同的情况下，以氢氧化镁为前驱

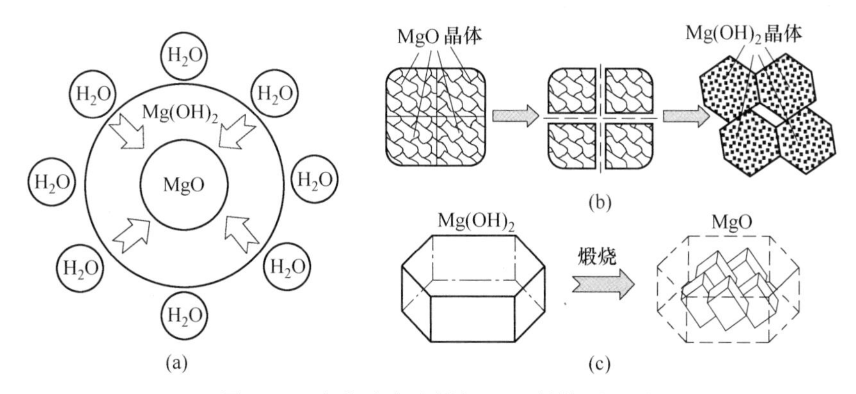


图 4-44 水化球磨法制备 MgO 粉体原理图

（a）MgO 颗粒水化过程；（b）MgO 微晶水化过程；（c）$Mg(OH)_2$ 和 MgO 之间的“假晶”关系

体制备的烧结镁砂体积密度更高。尤其当粉体粒度为 40.8μm 时，烧结镁砂的体积密度可达到 3.19g/cm$^3$。此外，若将烧结镁砂的体积密度提高到 3.40g/cm$^3$以上，在 1500℃及 1600℃烧结下需将 MgO 粉体平均粒径降低到 4μm 以下。这表明无论前驱体为菱镁矿还是氢氧化镁，MgO 粉体粒度都是影响烧结镁砂致密化的一个重要因素。

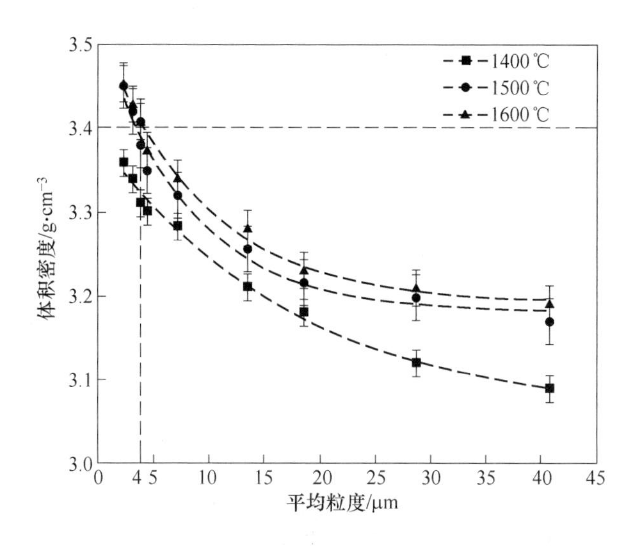


图 4-45 MgO 粉体平均粒度对烧结镁砂体积密度的影响

以氢氧化镁为前驱体制备的轻烧 MgO 粉体具有高比表面积、高活性的特点，能够促进烧结致密化的进程。另外，如图 4-46 所示，利用这种粉体成型后，粉体颗粒间分界不明显，这表明颗粒之间因成型压力能够紧密连接在一起，颗粒间的接触面积得到极大的提高。这也是在相同粉体粒度下，利用氢氧化镁为前驱体可以获得体积密度更高的烧结镁砂的原因。但同时，“假晶”结构的存在依然是限制烧结镁砂致密化的重要因素，能够限制烧结镁砂体积密度的上限。因此，即便粉体粒度降低到了 2.27μm，其制备的烧结镁砂体积密度最高也只能达到 3.46g/cm$^3$。

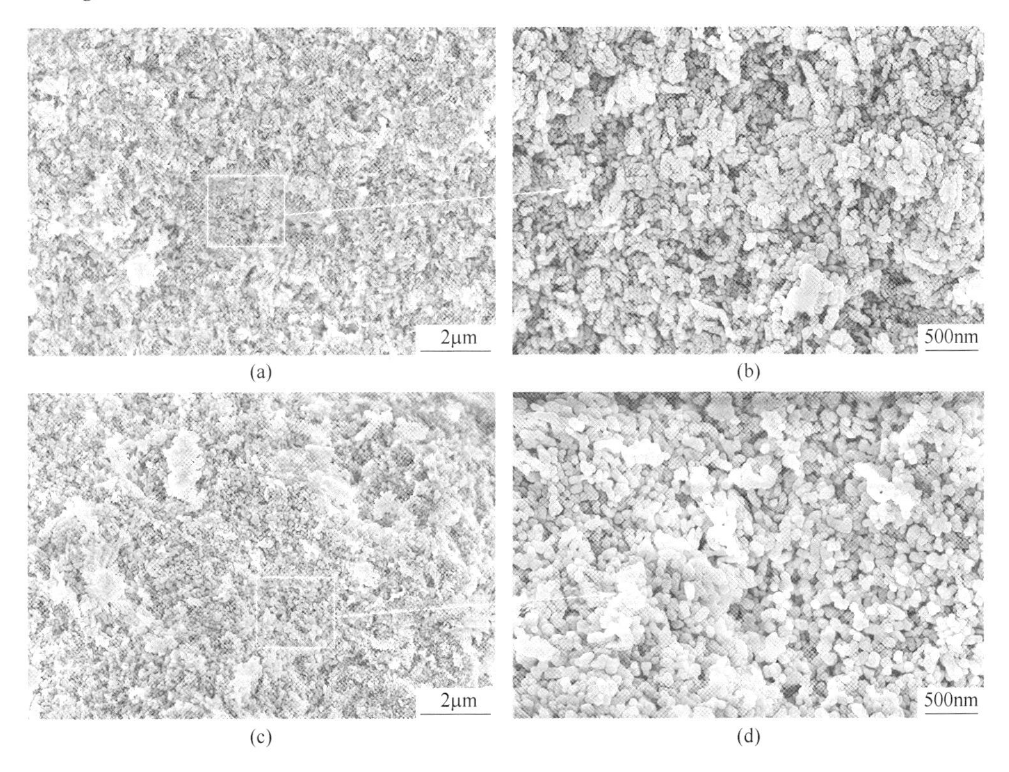


图 4-46 成型坯体内部 MgO 颗粒堆积微观形貌

（a）7.17μm；（b）3.89μm

图 4-47 为水化球磨法制备的不同粒度的 MgO 粉体在 3 种不同烧结温度下烧结形成的镁砂微观结构图。其中，图 4-47（a）~（c）为 1400℃烧结镁砂的微观结构图，可以看出，当粒度为 7.17μm 时，烧结体中 MgO 晶粒较小，且包含大量尺寸不同的孔隙；当粉体粒度降低后，烧结体中的 MgO 晶粒发育较为完整且粒径明显增大，晶粒之间的缺陷（孔隙及微裂纹）数量明显减少，烧结坯体更加致密。相比于以菱镁矿为前驱体制备的烧结镁砂，以氢氧化镁为前驱体制备的烧结镁砂在相同的条件下拥有更少的缺陷，而且 MgO 晶粒发育也更为完整，晶粒尺寸更大。水化球磨制备的 MgO 粉体具有更高的活性和晶格畸变，有利于高温烧结时 MgO 晶粒的长大及迁移。因此，在较低的烧结温度或较小粉体粒度下也可以得到较大晶粒尺寸的烧结镁砂。

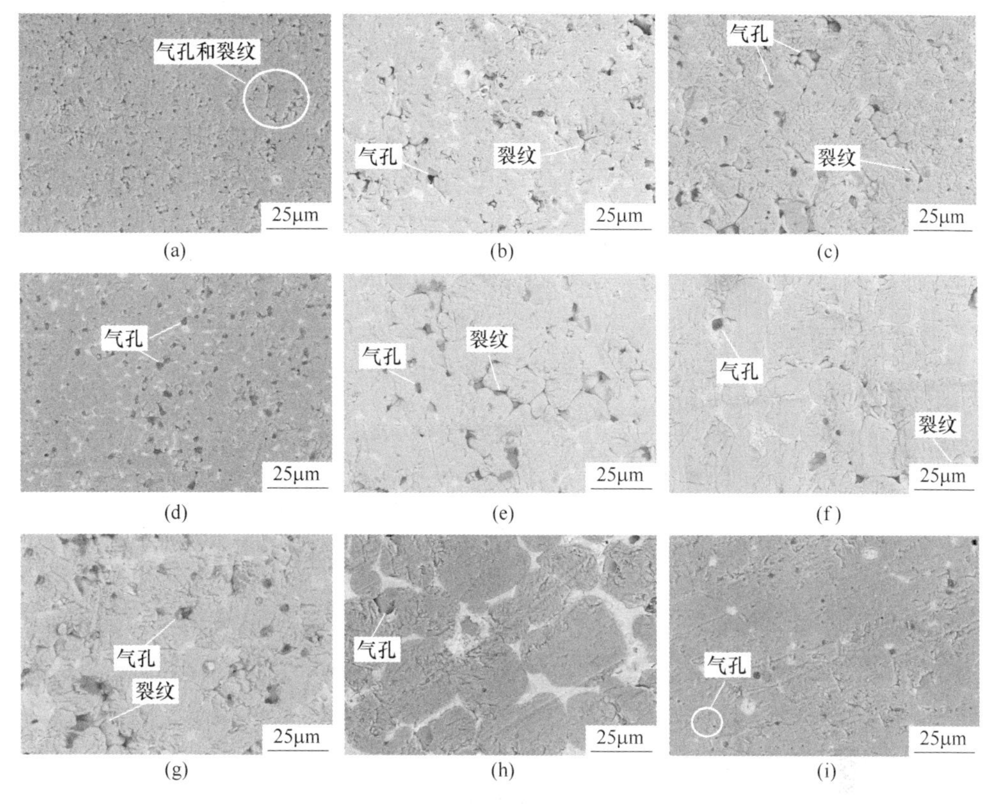


图 4-47 不同烧结温度下不同粒度 MgO 粉体制备的烧结镁砂微观结构图

(a) 1400℃, 7.17μm; (b) 1400℃, 3.89μm; (c) 1400℃, 2.47μm;
(d) 1500℃, 7.17μm; (e) 1500℃, 3.89μm; (f) 1500℃, 2.47μm;
(g) 1600℃, 7.17μm; (h) 1600℃, 3.89μm; (i) 1600℃, 2.47μm

#### 4.2.4.3 MgO 晶粒生长动力学分析

利用图像处理软件分别对平均粒度为 7.17μm 和 3.89μm 的 MgO 粉体制备的烧结镁砂（1400℃，1500℃和 1600℃）微观结构图进行晶粒尺寸测量。其计算方法与前述 MgO 生长动力学分析方法相同。其结果见表 4-12，将表中的数据对应式（2-5），进行线性回归和最小二乘法处理，即可得到 $\ln(G^n/t)$ 与 $(1/T)\times 10^{-4}$ 的关系图，如图 4-48 所示。

**表 4-12 MgO 平均晶粒尺寸**

| MgO 粉体粒度/μm | 试样中 MgO 晶粒的平均尺寸/μm | | |
|---|---|---|---|
| | 1400℃ | 1500℃ | 1600℃ |
| 7.17 | 3.86 | 7.79 | 12.34 |
| 3.89 | 9.74 | 13.62 | 24.39 |

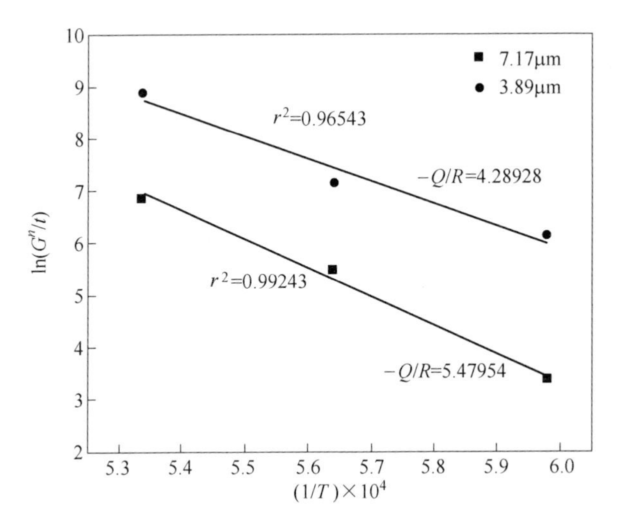


图 4-48　ln($G^n/t$) 与(1/$T$) × $10^{-4}$ 的关系图

由图中直线的斜率-($Q/R$) 可分别求得 MgO 晶粒生长的活化能，粉体粒度为 7.17μm 时，$Q$ = 455.6kJ/mol；粉体粒度为 3.89μm 时，$Q$ = 356.6kJ/mol。由此可以得出两个体系下的 MgO 晶粒生长动力学方程如下：

粉体粒度为 7.17μm 时：

$$G^3 = k_0 t\exp(-455.6/RT) \tag{4-4}$$

粉体粒度为 3.89μm 时：

$$G^3 = k_0 t\exp(-356.6/RT) \tag{4-5}$$

本章实验分析结果总结如下。

(1) 由菱镁矿在 850℃下煅烧 2h 制得氧化镁后，将其水化后得到前驱体氢氧化镁。将氢氧化镁在 400℃下煅烧 1h 得到吸碘值为 278.82mg$I_2$/g 的高活性氧化镁，其比表面积为 202.41$m^2$/g。为得到活性氧化镁，起始加热温度应高于 200℃。控制好煅烧温度及保温时间以保证氢氧化镁的完全分解并抑制氧化镁晶体的生长，是得到高活性氧化镁的关键。

(2) 水化反应初期，由化学反应控速，随反应进行，转变为由水分子扩散控速。水化反应最初 5h 内，相同条件下，氧化镁的活性越高，水化率越大；反应后期，由于形成的氢氧化镁阻碍水分子扩散，活性最高的试样未能最先达到完全水化。氧化镁的水化率随时间增长而增大，水化速率随时间增长而逐渐减小。活性氧化镁的老化主要是由晶体结构自发趋于完善而造成的。

(3) 将菱镁矿在 850℃下煅烧 2h 得到的氧化镁水化成氢氧化镁，并以此为原料，经过细磨→轻烧（600℃或 850℃）→细磨→成型（200MPa）→烧结（1600℃）的工艺流程可制备体积密度高于 3.40g/$cm^3$的烧结镁砂。其中，两道细磨工序在该工艺中起至关重要的作用，氢氧化镁轻烧前的细磨工序破坏了氢氧化镁晶体之间的团聚，其轻烧后的细磨破坏了氧化镁中的“假晶”结构，从而使“假晶”现象对氧化镁的高温烧结的影响降到最低。此外，水化后所获得的轻烧氧化镁晶格内部不存在官能团 $CO_3^{2-}$ 的残留物的制约，并且 $Mg(OH)_2$ 在分解过程中释放出的水部分固溶到 MgO 晶格中能大大促进氧化镁的烧结。

（4）将水化工艺方法应用到不同菱镁矿原料中，其均可制备出体积密度高于 3.40g/cm$^3$的高密度烧结镁砂，验证了该水化工艺方法的应用可靠性。

（5）采用水化球磨工艺，当其氧化镁粉体平均粒径小于 4μm 时，即可制备出体积密度高于 3.40g/cm$^3$的高密度烧结镁砂。水化球磨工艺可以降低 MgO 粉体粒度，从而降低烧结活化能，促进 MgO 晶粒的发育，减少烧结体中缺陷的数量，增大烧结体中晶粒尺寸，有利于烧结镁砂的致密化过程。

## 参考文献

[1] 钱海燕，邓敏，张少明．菱镁矿煅烧活性氧化镁实验研究［J］. 非金属矿，2004，27（6）：1~2.

[2] Li N, Chen S H, Zhang D Y. Characteristics and sintering of derived from magnesite and hydroxide［J］. Science of Sintering, 1987, 19（1）：31~38.

[3] Green J. Calcination of precipitated $Mg(OH)_2$ to active MgO in the production of refractory and chemical grade MgO［J］. Journal of Materials Science, 1983, 18：637~651.

[4] Moodie A F, Warble C E. MgO morphology and the thermal transformation of $Mg(OH)_2$［J］. Journal of Crystal Growth, 1986, 74（1）：89~100.

[5] Rhodes W H, Wuensch B J. Relation between precursor and microstructure in MgO［J］. Journal of The American Ceramic Society, 1973, 56（9）：495~496.

[6] Gordon R S, Kingery W D. Thermal decomposition of brucite：I, electron and optical microscope studies［J］. Journal of The American Ceramic Society, 1966, 49（12）：654~660.

[7] 李李，吴立明，李俊篯，等．MgO 缺陷和不规则表面的能带结构研究［J］. 结构化学，1999，18（3）：218~225.

[8] 朱黎霞，夏树屏，刑丕峰，等．MgO 活性及其在 $MgCl_2$ 溶液中溶度的研究［J］. 盐湖研究，2002，10（2）：18~23.

[9] 李李，李俊篯，吴立明，等．MgO 缺陷和不规则表面吸附 $Cl_2$ 的电子结构研究［J］. 结构化学，2000，19（5）：371~377.

[10] 祁玉成，王屹主．分析化学实验［M］. 青岛：中国海洋大学出版社，2003，112.

[11] Ikegami T, Kokayashi, M. Characterization of sintered MgO compacts with fluorine［J］. Journal of American Ceramic Society, 1980, 63（11~12）：640~643.

[12] Thomas D K, Baker T W. An X-study of the factor causing variation in the heats of solution of magnesium oxide［J］. Proceedings of the Physical Society, 1959, 34：673~679.

[13] 朱黎霞，夏树屏，刑丕峰．MgO 活性及其在 $MgCl_2$ 溶液中溶度的研究［J］. 盐湖研究，

2002, 10 (2): 18~23.

[14] Li N. Absorption and desorption sintering of active MgO [J]. Science of Sintering, 1982, 14 (3): 89~97.

[15] 鹿静波. 镁砂的生产及二步煅烧工艺设备 [J]. 耐火材料, 1981, (2): 244~251.

[16] 李维翰, 尚红霞, 李盛栋. 轻烧氧化镁粉活性的研究 [J]. 武汉钢铁学院学报, 1992, 15 (1): 30~37.

[17] 袁锐. 用菱镁矿粉矿制备高纯镁砂的研究 [J]. 中国非金属矿工业导刊, 2003, 36 (5): 24~25.

[18] 徐徽, 蔡勇, 陈白珍, 等. 用低品位菱镁矿制取高纯镁砂 [J]. 中南大学学报, 2006, 37 (4): 698~702.

[19] Alvarado E, Torres-Martinez L M, Fuentes A F, et al. Preparation and characterization of MgO powders obtained from different magnesium salts and tne mineral dolomite [J]. Polyhedron, 2000, 19: 2345~2351.

[20] 王诚训. 海城高纯天然粗晶镁石烧结的研究 [J]. 耐火材料, 1983, 17 (3): 1~7.

[21] Hirota H, Okabayashi N, Toyoda K. Characterization and sintering of reactive MgO [J]. Material Research Bulletin, 1992, 27 (3): 319~326.

[22] Yamamoto K, Umeya K. Production of high density magnesia [J]. The American Ceramic Society Bulletin, 1981, 60 (6): 636~639.

[23] Daniels A U, Lowrie R C, Gibby R L, et al. Observations on normal grain growth of magnesia and calcia [J]. Journal of American Ceramic Society, 1962, 45 (6): 282~285.

[24] Mansour N A L, Farag L M. Effect of magnesium salts on the sinterability of the produced magnesia [J]. Interceram, 1979, 28 (1): 55~57.

[25] 陈荣荣, 李楠. 团聚氧化镁粉料的可压缩性 [J]. 耐火材料, 1988, 22 (6): 10~13.

[26] 李楠. 团聚氧化镁粉料压块的烧结机理与动力学模型 [J]. 硅酸盐学报, 1994, 22 (1): 77~84.

[27] Li N. Formation, compressibility and sintering of aggregated MgO powder [J]. Journal of Materials Science, 1989, 24: 485~492.

[28] 山本公圣. 关于煅烧 MgO 粉体的磨碎 [J]. 耐火物, 1980, (1): 3~8.

[29] 李楠, 陈荣荣. 菱镁矿煅烧过程中氧化镁烧结与晶粒生长动力学的研究 [J]. 硅酸盐学报, 1989, 17 (1): 64~69.

[30] 李楠, 陈荣荣. 团聚氧化镁烧结过程中气孔变化与表面积降低动力学 [J]. 耐火材料, 1989, 23 (1): 5~9.

[31] Kim M G, Dahmen U, Searcy A W. Structural Transformations in the Decomposition of $Mg(OH)_2$ and $MgCO_3$ [J]. Journal of The American Ceramic Society, 1987, 70 (3): 146~154.

[32] Kangaonkar P R, Othman R, Ranjitham M. Studies on particle breakage during hydration of calcined magnesite [J]. Minerals Engineering, 1990, 3 (1~2): 227~235.

[33] 王诚训, 吴宗庆, 王珏, 等. 一种制取高纯致密粗晶质烧结镁砂的方法 [P]. CN96109712.4, 1997.

[34] 全跃，刘德禄．颗粒体积密度3.40g/cm$^3$高纯镁砂的生产研制［J］．中国非金属矿工业导刊［J］．2002，（4）：21~22.

[35] Mironyuk I F, Gun'ko V M, Povazhnyak M O, et al. Magnesia formed on calcination of $Mg(OH)_2$ prepared from natural bischofite [J]. Applied Surface Science, 2006, 252: 4071~4082.

[36] Huang C K, Kerr P F. Infaraed study of the carbonate minerals [J]. The American Mineralogist, 1960, 45 (3~4): 311~324.

[37] Roco M C, Villiams R S, Alivisatos P. Nanotechnolory research directions [R]. Vision for nanotechnology R&D in next decade, Dordrecht: WGN Workshop Report, 2001.

[38] Razouk R I, Mikhail R S. The hydration of magnesium oxide from the vapour phase [J]. Journal of Physical Chemistry, 1958, 62: 920~925.

[39] 饶东生，林彬荫，朱伯铨．降低高纯镁砂烧结温度的研究［J］．硅酸盐学报，1989，17（1）：75~80.

[40] Anderson P J, Morgan P L. Effect of water vapour on sintering of MgO [J]. Transactions of the Faraday Society, 1964, 60 (5): 930~937.

[41] Eastman P F, Culter I B. Effect of water vapour on Initial sintering of magnesia [J]. Journal of American Ceramic Society, 1966, 49 (10): 526~530.

[42] 郁国城．MgO的双空位Ⅱ．（MgO，$H_2O$）固溶体［J］．硅酸盐学报，1978，6（4）：251~255.

[43] 崔学正．氧化镁的水化特性［J］．国外耐火材料，1996，11：55~60.

# 5 添加剂对烧结镁砂致密性的作用

在陶瓷的烧结过程中，常通过添加一些添加剂用以提高陶瓷材料的烧结致密性及抗压强度等性能[1~4]。添加剂在陶瓷烧结中的作用通常分为两种：一种是添加剂与陶瓷基体材料之间发生固溶反应，导致基体材料晶格结构畸变，从而加速离子扩散和致密化过程；另一种是添加剂与材料或材料中的杂质成分发生液相或固相反应，生成高熔点化合物填充在基体材料晶粒之间，从而提高烧结致密程度和抗压强度。对于烧结镁砂的制备，也可以通过添加少量的烧结助剂促进其烧结致密化过程。在本章中，主要针对添加剂对烧结镁砂的致密性能的影响展开分析与研究。

## 5.1 氧化镁中加入添加剂对烧结镁砂致密性的影响

### 5.1.1 $CeO_2$ 对烧结镁砂致密性能的影响

本节所述原材料为第 2 章所述晶质菱镁矿粉体（化学成分见表 2-1），然后在 850℃下轻烧 1h 制得本章所述的 MgO 粉体。烧结助剂 $CeO_2$ 为高纯化学试剂，添加量为 0. 5%、1%和 2%，添加方式为直接与轻烧 MgO 粉体混匀的方式，成型压力为 300MPa，烧结温度为 1600℃。

5. 1. 1. 1 物相衍射分析

在 1600℃烧结下，添加 0. 5%、1%、2%$CeO_2$ 和未添加 $CeO_2$ 的烧结镁砂 X 射线衍射结果如图 5-1 所示。从 X 射线衍射结果可以看出，烧结镁砂中仅有 $CeO_2$ 和 MgO 的衍射峰出现，没有观察到两组分之间的反应相或衍生出的其他相，这表明 $CeO_2$ 和 MgO 之间在 1600℃的高温下没有发生反应。随着 $CeO_2$ 含量的增加，MgO 的两个主晶面（200）和（220）的位置和峰形都没有发生明显的变化。$CeO_2$ 晶体的生长晶面只有四个，分别为（111）、（200）、（220）和（311）。当 $CeO_2$ 添加量为 0. 5%时，$CeO_2$ 的（200）晶面没有出现，（311）晶面的衍射峰强度较低，这说明 $CeO_2$ 添加量的增加有利于（200）和（311）晶面的生长。此外，改变 MgO 粉体粒度制备的镁砂中的物相组成也没有明显的变化，如图 5-1（b）所示。这说明在 1600℃高温烧结时，镁砂中只有 $CeO_2$

与 MgO 两相，且两相之间没有发生反应，且 $CeO_2$ 的添加不会造成 MgO 的晶格畸变。

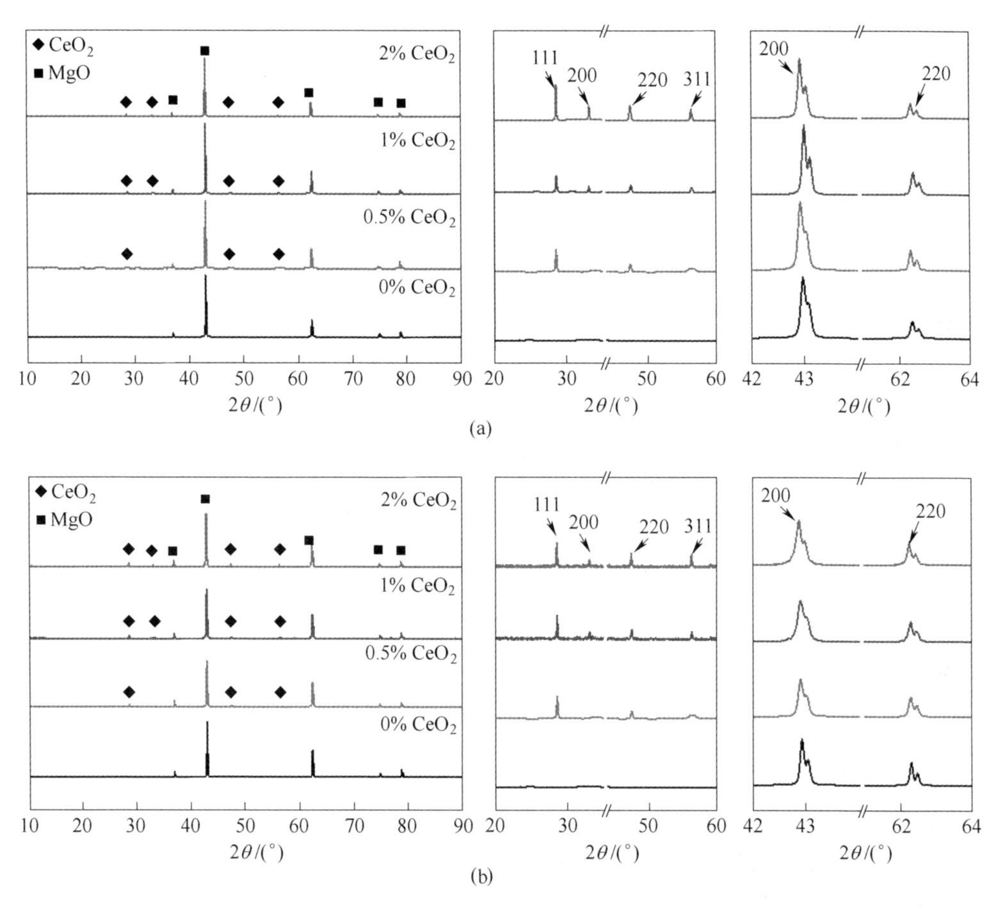


图 5-1 添加和未添加 $CeO_2$ 的烧结镁砂 XRD 图

(a) MgO 粉体平均粒度 3.9μm；(b) MgO 粉体平均粒度 37.9μm

5.1.1.2 烧结镁砂的致密性

图 5-2 为烧结温度 1600℃下添加 $CeO_2$ 对烧结镁砂致密性的影响变化趋势。可以看出，MgO 粉体粒度和 $CeO_2$ 的添加量都是影响烧结镁砂致密化过程的重要因素。当 MgO 粉体粒度较大时（37.9μm 和 26.9μm），$CeO_2$ 的添加对于烧结镁砂致密性的影响较小。如 MgO 粉体粒度为 26.9μm 时，添加 $CeO_2$ 后，烧结镁砂的体积密度仅从 2.91g/cm$^3$提高到 2.95g/cm$^3$，开孔隙率由 16%降低到 14%；但当 MgO 粉体粒度降低到 11.6μm 后，$CeO_2$ 的添加可使烧结镁砂的体积密度由 3.16g/cm$^3$提高到 3.36g/cm$^3$，开孔隙率由 6.9%降低到 1.7%，烧结镁砂的致密

性得到了显著的提高。而且 MgO 粉体的粒度越小，$CeO_2$ 促进镁砂致密化的作用越明显，当 MgO 粉体粒度降低到 6.18μm 及 3.9μm 时，添加 $CeO_2$ 后烧结镁砂的体积密度均可以超过 3.40g/cm³。由此可以看出，添加少量 $CeO_2$ 对镁砂烧结致密化可以起到促进作用，而且 MgO 粉体粒度越小，促进作用越明显。

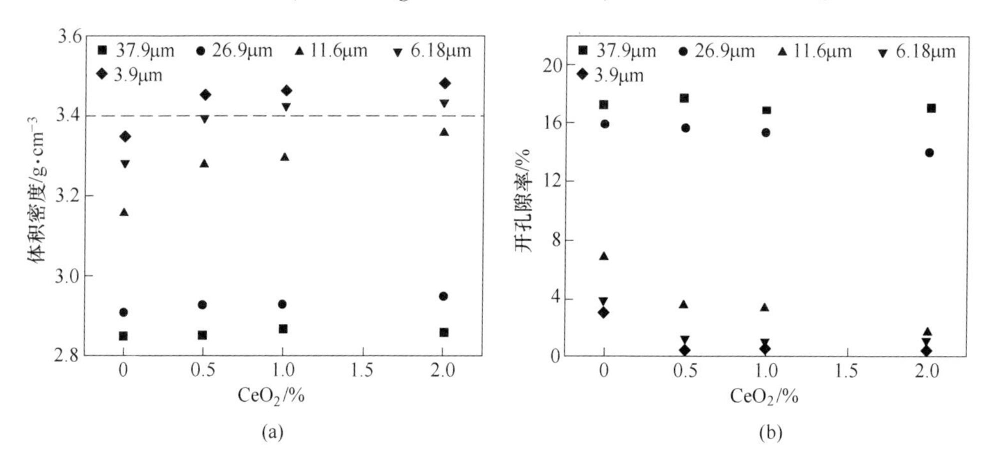


图 5-2 1600℃下添加 $CeO_2$ 对烧结镁砂致密性影响

（a）体积密度；（b）开孔隙率

5.1.1.3 元素组成及微观结构分析

图 5-3 为添加 $CeO_2$ 的烧结镁砂的平面扫描元素分析图。可以看出，基体部分为深灰色的 MgO，浅灰色部分主要分布有 Si、Ca、O 和 Mg 元素，且 Ca 与 Si 的原子比约为 3∶1。因此，浅灰色部分主要是由 CaO 和 $SiO_2$ 组成的高熔点硅酸三钙相。在富 MgO 的环境中，少量的 Mg 会固溶到硅酸三钙中。亮白色部分主要是由 Ce 和 O 元素组成的 $CeO_2$ 晶粒。此外，在 $CeO_2$ 晶粒中检测到了少量 Ca 元素，这表明菱镁矿杂质中少量的 CaO 与 $CeO_2$ 发生了固溶反应。两相固溶体的形成取决于阳离子半径的不同。一般来说，阳离子半径差小于 15%时容易形成连续固溶体，半径差在 15%~30%时可形成有限固溶体，半径差大于 30%时不会形成固溶体。由于 $Mg^{2+}$(0.072nm) 和 $Ce^{4+}$(0.097nm) 的半径差异较大，而 $Ca^{2+}$(0.099nm) 和 $Ce^{4+}$(0.097nm) 的半径差别较小，CaO 和 $CeO_2$ 之间更容易发生固溶反应[5]。其缺陷反应如下：

$$CaO \xrightarrow{CeO_2} Ca''_{Ce} + V_{\ddot{O}} + O_O \tag{5-1}$$

由于 $Ca^{2+}$ 与 $Ce^{4+}$ 发生固溶，$Ca^{2+}$ 置换了 $CeO_2$ 晶格中 $Ce^{4+}$，形成不等价置换式固溶体，产生了大量氧空位（图 5-4），造成 $CeO_2$ 的晶格缺陷，提高扩散系数，从而促进了 $CeO_2$ 晶粒的生长。

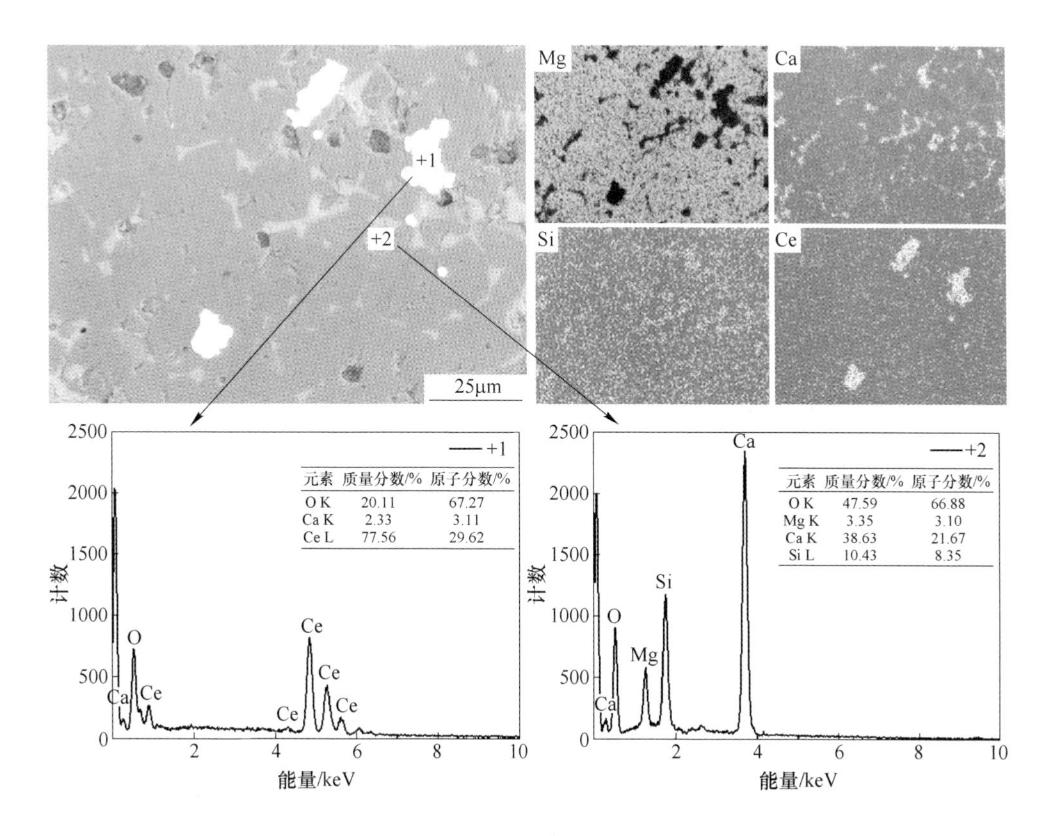


图 5-3 添加 $CeO_2$ 的烧结镁砂平面扫描分析图

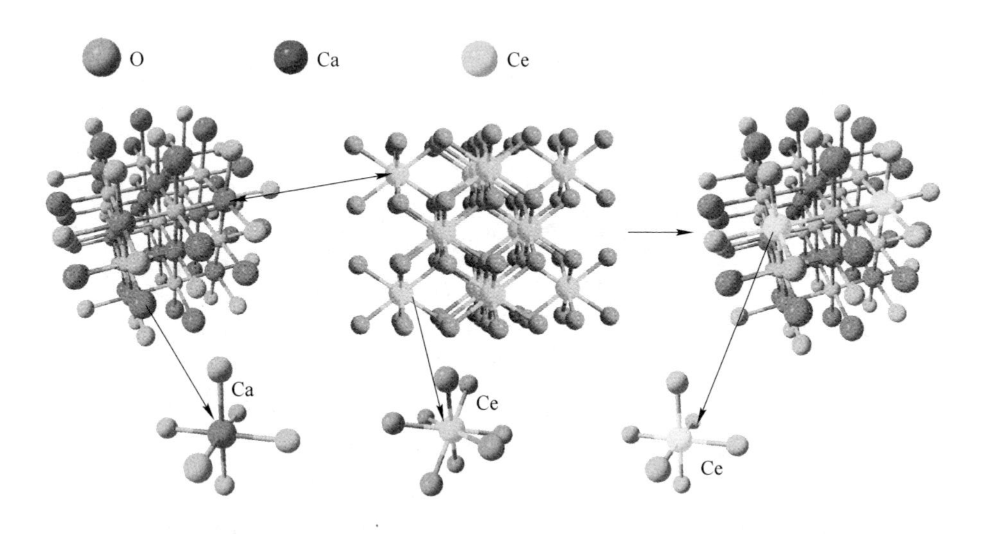


图 5-4 氧空位形成示意图

图 5-5 所示为 1600℃下添加 $CeO_2$ 的烧结镁砂微观结构图。可以看出，浅灰色部分为 CaO 和 $SiO_2$ 形成的硅酸盐相，这些硅酸盐相分布在 MgO 晶粒周边，使 MgO 晶粒之间更为紧密；亮白色部分为 $CeO_2$ 晶粒，较小 $CeO_2$ 晶粒分布在 MgO 晶粒之中，较大 $CeO_2$ 晶粒分布在 MgO 晶粒之间，并呈孤立分布状态。提高 $CeO_2$ 的添加量后，分布在 MgO 晶粒之间的 $CeO_2$ 晶粒出现聚集现象，使 $CeO_2$ 晶

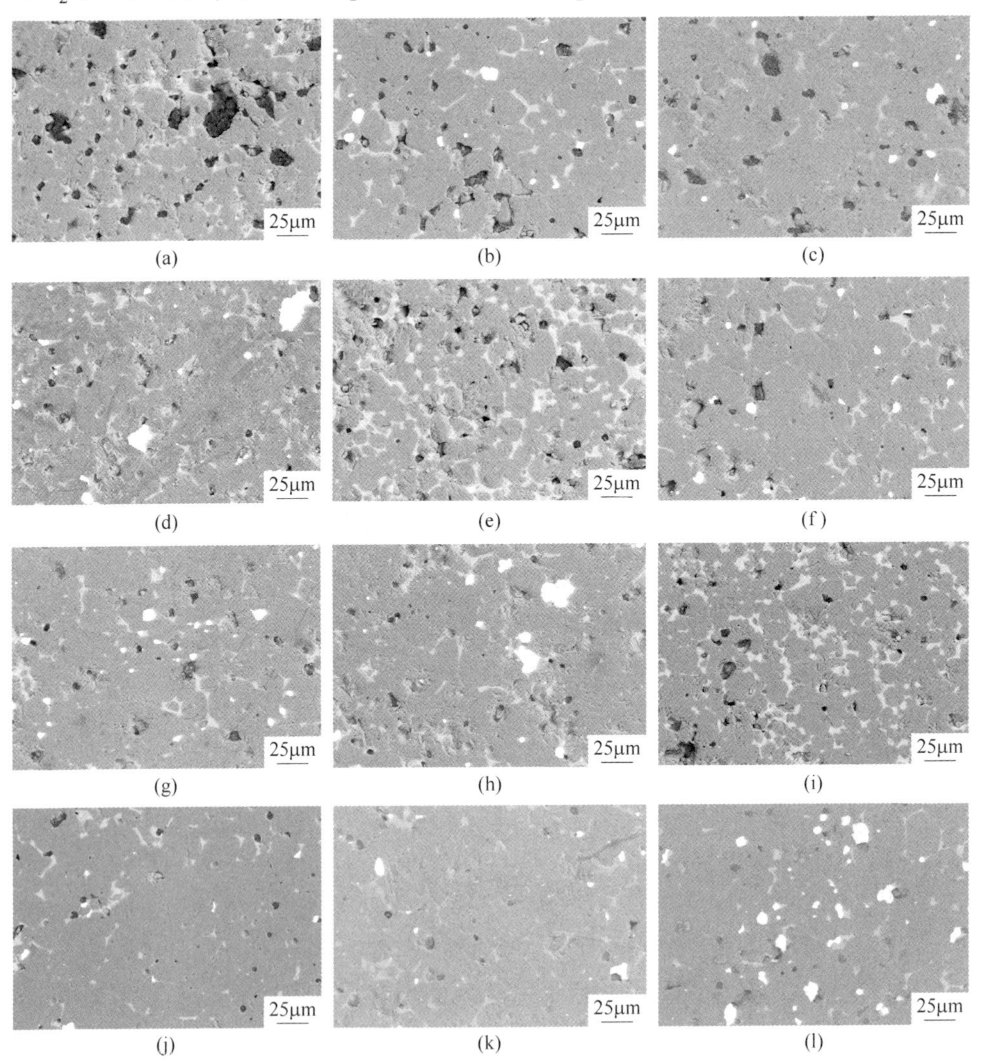


图 5-5　添加和未添加 $CeO_2$ 的烧结镁砂微观结构图

MgO 粉体粒度为 11.6μm：(a)～(d) $CeO_2$ 添加量（质量分数）分别为 0、0.5%、1%、2%；

MgO 粉体粒度为 6.18μm：(e)～(h) $CeO_2$ 添加量（质量分数）分别为 0、0.5%、1%、2%；

MgO 粉体粒度为 3.9μm：(i)～(l) $CeO_2$ 添加量（质量分数）分别为 0、0.5%、1%、2%

粒尺寸不断增大，形状也呈不规则状。此外，MgO 晶粒之间还存在孔隙、微裂纹等缺陷。随着 $CeO_2$ 添加量的增多，镁砂中缺陷数量和尺寸都明显降低，MgO 晶粒之间更加紧密。

在烧结过程中，MgO 晶粒会逐渐增大，然后晶界不断迁移，从而使孔隙排出坯体，宏观上表现为坯体的体积收缩。在 MgO 晶粒迁移过程中，杂质相（CaO、$SiO_2$）会随 MgO 晶界一起迁移，并在高温作用下形成硅酸盐相。这些硅酸盐相分布在 MgO 晶粒之间，不会阻碍 MgO 晶粒的生长，且可以提高烧结镁砂的致密性。但添加 $CeO_2$ 后，$CeO_2$ 不会与其他相发生反应，其可作为第二相促进晶粒长大和晶界迁移。由于基体为 MgO，MgO 晶粒会优先生长和迁移，如果 MgO 晶粒的迁移速率快于 $CeO_2$ 晶粒的生长速率，MgO 晶界将会克服 $CeO_2$ 晶粒的阻力，将 $CeO_2$ 包裹在晶粒中并继续向前移动，形成内晶型结构。由于在 MgO 晶粒中传质困难，$CeO_2$ 晶粒不会继续长大。但由于 CaO 的固溶提高了大部分 $CeO_2$ 晶粒的生长速度，使 MgO 晶界迁移驱动力不足以包裹住 $CeO_2$。此时 $CeO_2$ 会随着 MgO 晶界的迁移一起移动，最终被推到 MgO 的三晶或两晶交界处，并聚集长大形成不规则的较大粒径的 $CeO_2$ 晶粒，其过程如图 5-6 所示。在这一过程中，由于 $CeO_2$ 晶粒的长大，烧结体内更多的孔隙被排出，从而促进了烧结镁砂的致密化。

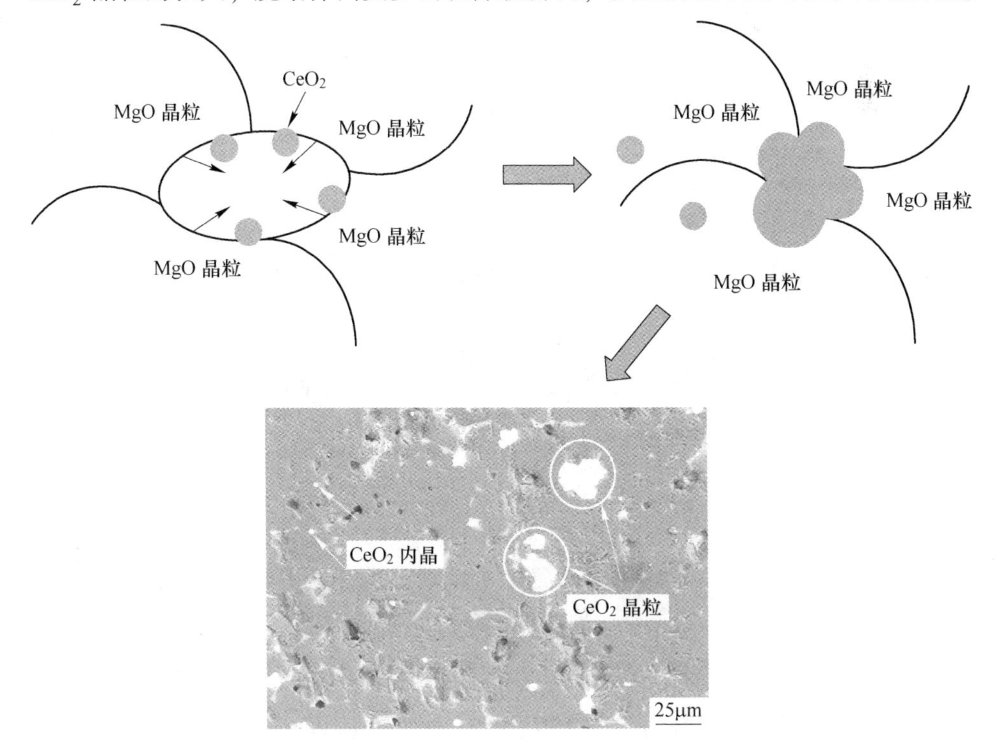


图 5-6 $CeO_2$ 晶粒迁移及生长示意图

同时，$CeO_2$ 晶粒长大及聚集也会在 MgO 晶界处产生强烈的钉扎效应[6,7]，并提供足够的阻力阻止 MgO 晶粒继续长大，起到了细化 MgO 晶粒的作用。

5.1.1.4　$CeO_2$ 对 MgO 烧结动力学影响

本节以平均粒度为 11.6μm 的 MgO 粉体为原料，以 1%$CeO_2$ 为添加剂，分析了 $CeO_2$ 对 MgO 烧结动力学的影响。

A　MgO 晶粒生长指数

生长指数 $n$ 值的大小可以反映 MgO 晶粒生长过程的传质机理[8,9]。对第 2 章中式（2-2）两边取对数可得

$$\ln G = \frac{1}{n}\ln t + \frac{1}{n}\left(\ln k_0 - \frac{Q}{RT}\right) \tag{5-2}$$

由式（5-2）可以得出 $\ln G$ 与 $\ln t$ 之间为线性关系，通过统计不同烧结时间制备的 MgO 晶粒尺寸可计算得到 $\ln G$ 与 $\ln t$ 的曲线，从而求解出 $n$ 值的大小。

图 5-7 为添加 1%$CeO_2$ 的烧结镁砂在 1600℃下烧结 30min、1h 和 2h 后的微观结构图。应用线性截距法对图 5-7 进行 MgO 晶粒测量，可得到 MgO 的晶粒尺寸，见表 5-1。

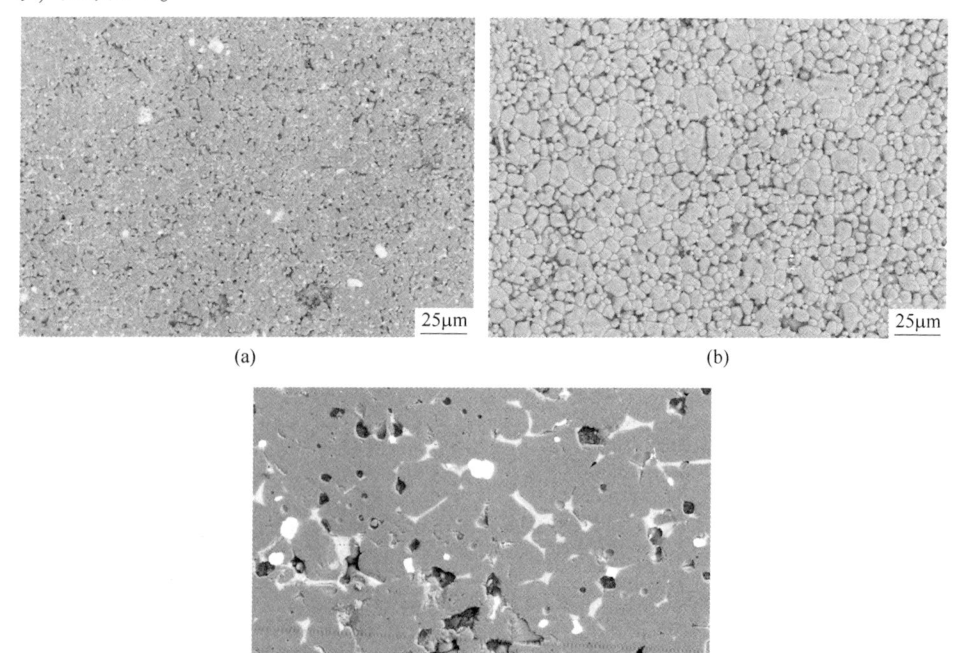


图 5-7　1600℃下烧结镁砂微观结构图

（a）30min；（b）1h；（c）2h

表 5-1 MgO 平均晶粒尺寸

| 烧结时间 | 30min | 1h | 2h |
| --- | --- | --- | --- |
| MgO 晶粒的平均尺寸/μm | 5.28 | 8.43 | 21.49 |

将表 5-1 中数据代入式（5-2）中可以得到 $\ln G$ 与 $\ln t$ 的曲线，如图 5-8 所示。可以看出，添加 $CeO_2$ 后，MgO 晶粒的生长指数 $n$ 为 1，比未添加时的 $n$（高纯镁砂烧结时，$n$ 值为 3）值小，表明 $CeO_2$ 的加入可以促进 MgO 的烧结致密化和晶粒的生长。

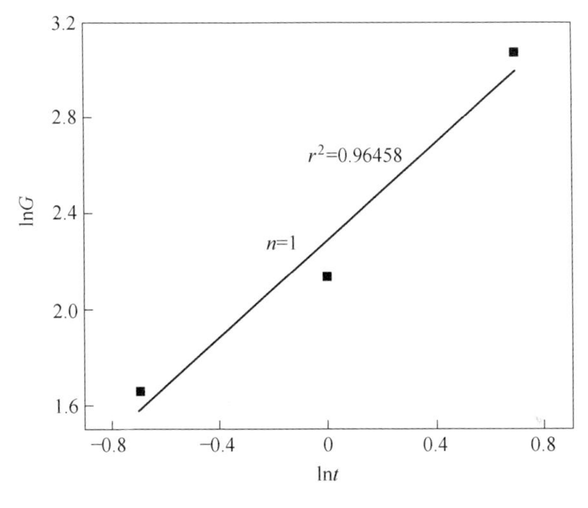


图 5-8 $\ln G$ 与 $\ln t$ 的关系图

B MgO 晶粒生长活化能

添加 $CeO_2$ 的烧结镁砂中 MgO 晶粒生长活化能的计算方法与 2.2.3 节中 MgO 动力学分析方法相同。

以平均粒度为 11.6μm 的 MgO 粉体为原料，以 1% $CeO_2$ 为添加剂，分别在 1400℃、1500℃和 1600℃下烧结 2h，其烧结坯体的微观结构图如图 5-9 所示。

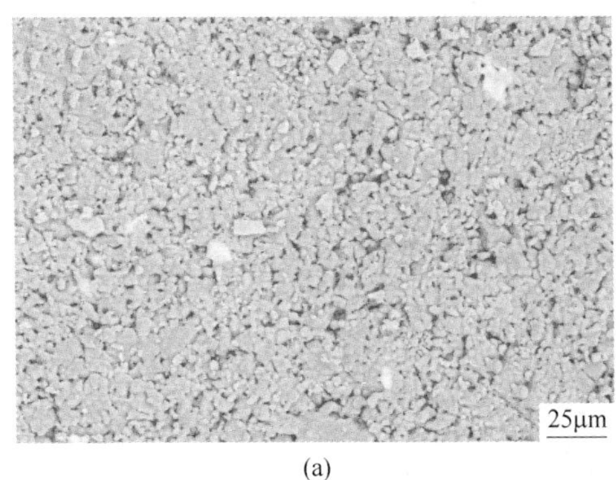


(a)

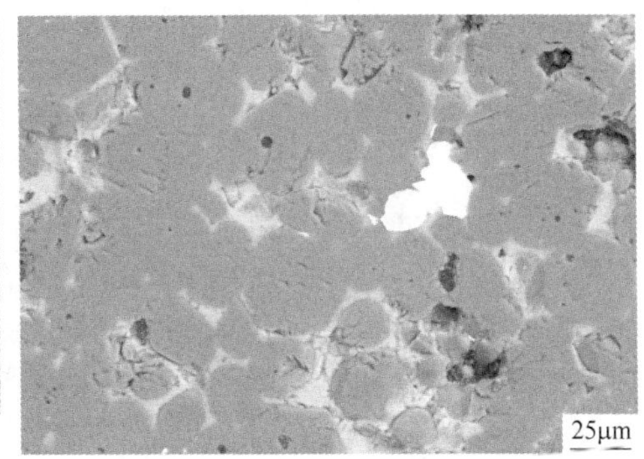


(b)

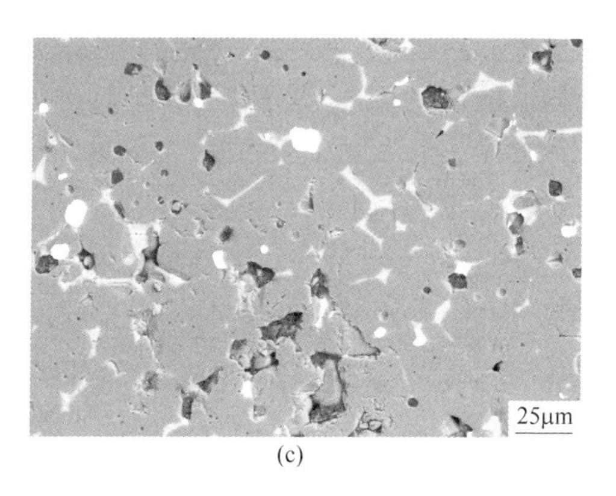


(c)

图 5-9　不同烧结温度下烧结镁砂的微观结构图

(a) 1400℃；(b) 1500℃；(c) 1600℃

利用图像处理软件，应用线性截距法对图 5-9 进行 MgO 晶粒测量，可得到 MgO 的晶粒尺寸，见表 5-2。

**表 5-2　MgO 平均晶粒尺寸**

| 烧结温度/℃ | 1400 | 1500 | 1600 |
|---|---|---|---|
| MgO 晶粒的平均尺寸/μm | 2.32 | 10.96 | 21.49 |

将表 5-2 中的数据对应式（2-5），进行线性回归和最小二乘法处理，即可得到 $\ln(G^n/t)$ 与 $(1/T)\times10^{-4}$ 的关系图，如图 5-10 所示。由图（5-10）中直线的斜率 $-(Q/R)$ 可求得 MgO 晶粒生长的活化能，即 $Q=219.92\text{kJ}\cdot\text{mol}^{-1}$，MgO 晶粒生长动力学方程如下：

$$G = k_0 t\exp(-219.92/RT) \tag{5-3}$$

综上所述，可以得出 $CeO_2$ 促进烧结镁砂性能的主要原因如下：

(1) CaO 与 $CeO_2$ 之间的固溶反应能造成 $CeO_2$ 的晶格缺陷，促进 $CeO_2$ 晶粒的生长，使烧结体内部能排出更多的孔隙，提高了烧结镁砂的致密性；此外，大量 $CeO_2$ 晶粒填充在 MgO 晶粒之间，提高了 MgO 晶粒之间结合性。

(2) $CeO_2$ 的加入可以极大降低 MgO 晶粒的生长活化能，从而促进 MgO 晶粒的生长发育，最终提高了烧结体的致密性。

### 5.1.2　$La_2O_3$ 对烧结镁砂致密性能的影响

本节所述原材料为 5.1.1 节所述的 MgO 粉体。烧结助剂 $La_2O_3$ 为高纯化学试剂，添加量为 0.5%、1% 和 2%，添加方式为直接与轻烧 MgO 粉体混匀的方式，成型压力为 300MPa，烧结温度为 1600℃。

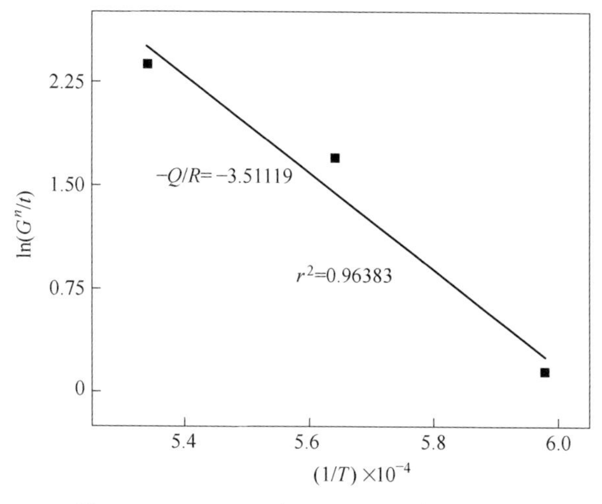


图 5-10 $\ln(G^n/t)$ 与 $(1/T)\times10^{-4}$ 的关系图

5.1.2.1 物相衍射分析

图 5-11 为 1600℃下添加和未添加 $La_2O_3$ 的烧结镁砂 X 射线衍射图。可以看出，烧结镁砂中主相为 MgO 相，在添加 $La_2O_3$ 的烧结镁砂中出现了 $La_{4.67}(SiO_4)_3O$ 相和 $CaLa_4(SiO_4)_3O$ 相。当添加 0.5%的 $La_2O_3$ 时，$La_{4.67}(SiO_4)_3O$ 相的生长晶面分别为（211）和（300）；而提高添加量后，$La_{4.67}(SiO_4)_3O$ 相的生长晶面只有（211）晶面。这表明 $La_2O_3$ 与菱镁矿中的杂质 $SiO_2$ 反应生成了硅酸镧相，其反应如下：

$$2La_2O_3 + 3SiO_2 \longrightarrow 2La_2O_3 \cdot 3SiO_2 \tag{5-4}$$

当提高 $La_2O_3$ 添加量为 2%时，烧结体中出现了 $CaLa_4(SiO_4)_3O$ 相，并且只在（112）和（301）晶面上生长。这表明过量的 $La_2O_3$ 会与 CaO 发生反应，其反应式如下：

$$2La_2O_3 + 3SiO_2 + CaO \longrightarrow 2La_2O_3 \cdot 3SiO_2 \cdot CaO \tag{5-5}$$

与 $CeO_2$ 添加后物相变化不同，$La_2O_3$ 的添加可以与杂质中 $SiO_2$ 或 CaO 形成 $La_{4.67}(SiO_4)_3O$ 和 $CaLa_4(SiO_4)_3O$ 高熔点相。此外，对比标准卡片，$La_{4.67}(SiO_4)_3O$ 相和 $CaLa_4(SiO_4)_3O$ 相的衍射峰位置都发生了偏移。

5.1.2.2 烧结镁砂的致密性

图 5-12 示出了烧结温度为 1600℃下添加 $La_2O_3$ 对烧结镁砂致密性的影响。相比于 $CeO_2$ 添加后的效果，添加 $La_2O_3$ 对所有粒度的 MgO 粉体制备的烧结镁砂致密化都有较为明显的提升。如 MgO 粉体粒度为 26.9μm 时，添加 2%的 $La_2O_3$ 可使烧结镁砂的体积密度最高达到 3.03g/cm³，开孔隙率降低到 13%左右；当 MgO 粉体平均粒度降低到 11.6μm 时，仅需添加 2%的 $La_2O_3$，烧结镁砂的体积

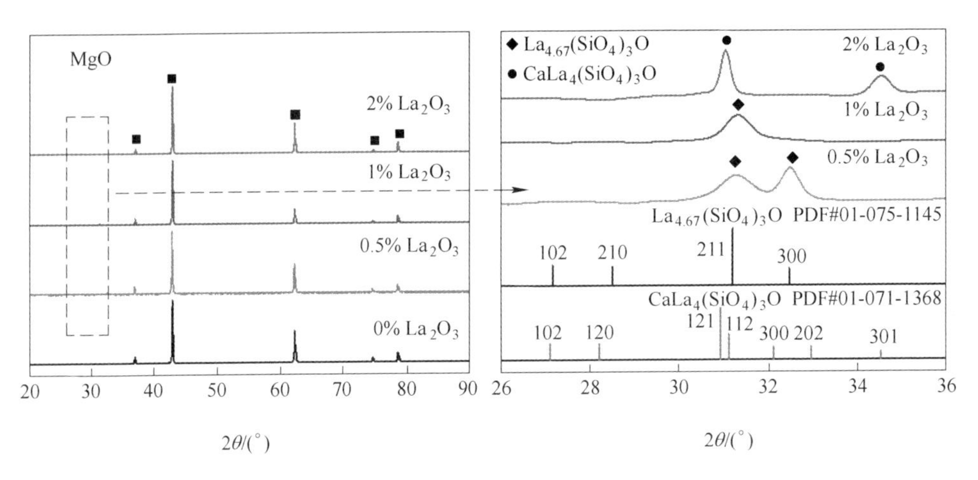


图 5-11　添加和未添加 $La_2O_3$ 的烧结镁砂 XRD 图谱

密度即可从 3.16g/cm³提高到 3.40g/cm³，开孔隙率由 6.9%降低到 1.37%；而对于更小粒度 MgO 粉体，仅需添加 1%的 $La_2O_3$，烧结镁砂的体积密度便可全部达到 3.40g/cm³以上，而提高添加量后，体积密度最高可达到 3.49g/cm³。在高温烧结的作用下，少量 $La_2O_3$ 的添加可以在烧结镁砂中与杂质中 $SiO_2$ 和 CaO 形成 $La_{4.67}(SiO_4)_3O$ 和 $CaLa_4(SiO_4)_3O$ 高熔点相。这些高熔点相能够填充 MgO 晶粒之间的孔隙，从而提高了烧结镁砂的致密性。结果表明，在 1600℃下，少量 $La_2O_3$ 的添加可以显著地提高烧结镁砂的致密化程度，相比于添加 $CeO_2$，效果更为显著。

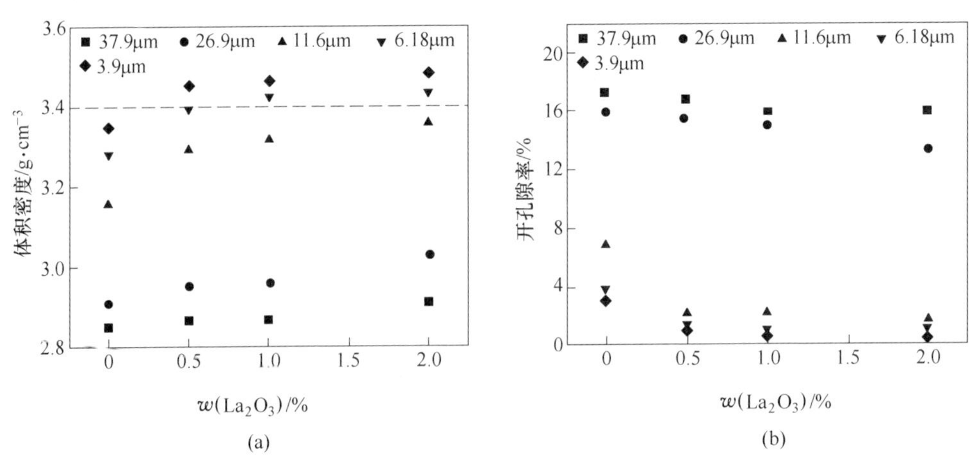


图 5-12　添加 $La_2O_3$ 对 1600℃下烧结镁砂致密性影响

（a）体积密度；（b）开孔隙率

5.1.2.3 元素组成及微观结构分析

图 5-13 为 1600℃烧结时添加质量分数为 1%和 2%的 $La_2O_3$ 的烧结镁砂平面扫描分析图。可以看出，烧结体基体为深灰色部分的 MgO 相，浅灰色部分为杂质中的 CaO 与 $SiO_2$ 形成的硅酸盐相。

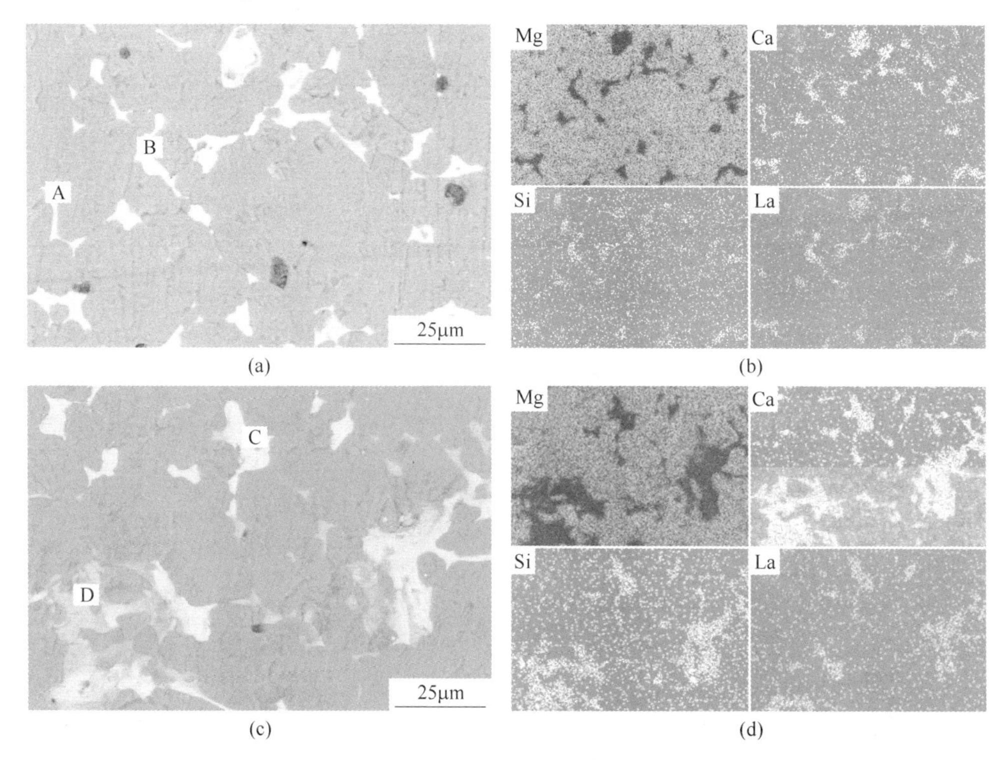


(a) (b)

(c) (d)

图 5-13 1600℃下添加 $La_2O_3$ 的烧结镁砂平面扫描分析图

(a) 1%；(b) 图 (a) 中元素分布；(c) 2%；(d) 图 (c) 中元素分布

通过点 A 和 B 的元素分析（表 5-3）可知，硅酸盐相中还固溶有少量的 Mg 及 La 元素。如图 5-13（a）所示，亮白色部分主要包含了 Ca、Si、La 及 O 四种元素，结合烧结镁砂物相组成（图 5-12）分析可知，亮白色部分应为 $La_{4.67}(SiO_4)_3O$相。但通过分析点 B 的元素组成，该区域还包含了 Ca 元素，这可能是游离的 CaO 与 $La_2O_3$ 发生了固溶反应。由于 $Ca^{2+}$（0.099nm）和 $La^{3+}$(0.0102nm)的离子半径差别极小，$La_2O_3$ 和 CaO 之间会发生固溶反应，部分 $Ca^{2+}$会进入 $La_2O_3$ 晶格中造成缺陷。

缺陷反应式如下：

$$2CaO \xrightarrow{La_2O_3} 2Ca'_{La} + V_{\ddot{O}} + 2O_O \tag{5-6}$$

表 5-3　图 5-13 中各点元素的原子百分比

| 原子百分比/% | O | Mg | Si | Ca | La |
|---|---|---|---|---|---|
| A | 64.68 | 1.16 | 9.29 | 21.13 | 3.74 |
| B | 68.07 | 1.99 | 9.61 | 9.08 | 11.25 |
| C | 67.21 | 2.98 | 7.03 | 13.34 | 9.44 |
| D | 64.26 | 0.93 | 10.53 | 21.66 | 2.62 |

固溶于 $La_2O_3$ 中的少量 Ca 元素可通过 $La_2O_3$ 与 $SiO_2$ 之间的反应式(5-4)进入 $La_{4.67}(SiO_4)_3O$ 相中，造成晶格畸变，是（211）和（300）晶面所对应衍射峰发生偏移的原因。当 $La_2O_3$ 添加量提高到2%后（图 5-13（c）），试样中的物相组成发生了变化，CaO 与 $La_2O_3$ 和 $SiO_2$ 反应生成了 $CaLa_4(SiO_4)_3O$相。由表 5-3 中 B 点和 D 点的元素组成也可以看出，提高 $La_2O_3$ 添加量后，Ca 元素的原子百分比出现了明显的提高。此外，在 B 点和 D 点处均检测到了少量的 Mg 元素，这表明少量的 MgO 也固溶到 $CaLa_4(SiO_4)_3O$相中，从而可以造成图 5-12 所示的 $CaLa_4(SiO_4)_3O$ 相的 2 个晶面所对应衍射峰位置发生偏移。

图 5-14 示出了 1600℃下添加 $La_2O_3$ 的烧结镁砂微观结构图。可以看出，深色部分为 MgO 晶粒组成的基体部分，浅灰色部分为 CaO 和 $SiO_2$ 形成的硅酸盐相，亮白色部分为硅酸镧相 $La_{4.67}(SiO_4)_3O$ 相和 $CaLa_4(SiO_4)_3O$ 相。这些硅酸盐相和硅酸镧相主要分布在 MgO 晶粒的交界处，将 MgO 晶粒紧密结合在一起。提高 $La_2O_3$ 的含量后，白色的硅酸镧相含量显著增加，这些高熔点相聚集在 MgO 晶粒之间，填充了孔隙，降低了缺陷的数量，使烧结体更为致密。

#### 5.1.2.4　$La_2O_3$ 对 MgO 烧结动力学影响

本节以平均粒度为 11.6μm 的 MgO 粉体为原料，以 1%的 $La_2O_3$ 为添加剂，研究了 $La_2O_3$ 对 MgO 烧结动力学的影响。

##### A　MgO 晶粒生长指数

图 5-15 为添加 1%的 $La_2O_3$ 的轻烧氧化镁在 1600℃下烧结 30min、1h 和 2h 后所制备的烧结镁砂微观结构图。

应用线性截距法对图 5-15 进行 MgO 晶粒测量，可得到 MgO 的晶粒尺寸，见表 5-4。

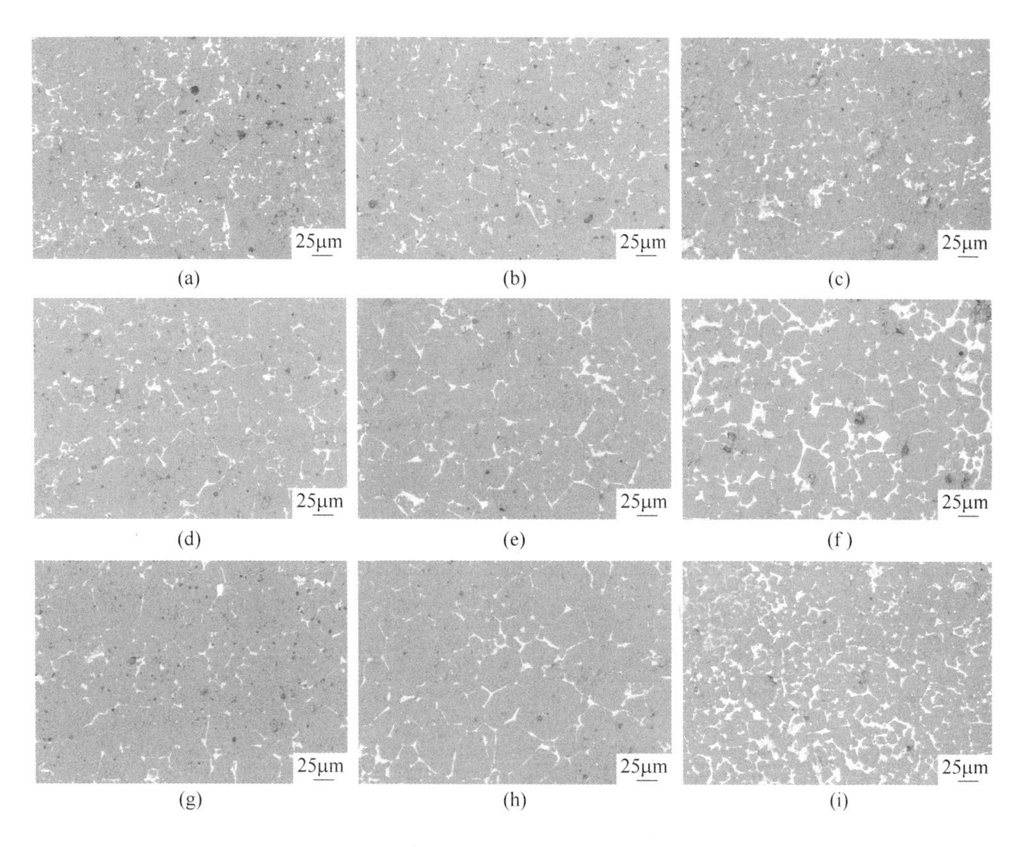

(a) (b) (c)
(d) (e) (f)
(g) (h) (i)

图 5-14 添加 $La_2O_3$ 的烧结镁砂微观结构图

MgO 粉体粒度为 11.6μm：(a)~(c) $La_2O_3$ 添加量（质量分数）分别为 0.5%、1%、2%

MgO 粉体粒度为 6.18μm 时：(d)~(f) $La_2O_3$ 添加量（质量分数）分别为 0.5%、1%、2%

MgO 粉体粒度为 3.9μm 时：(g)~(i) $La_2O_3$ 添加量（质量分数）分别为 0.5%、1%、2%

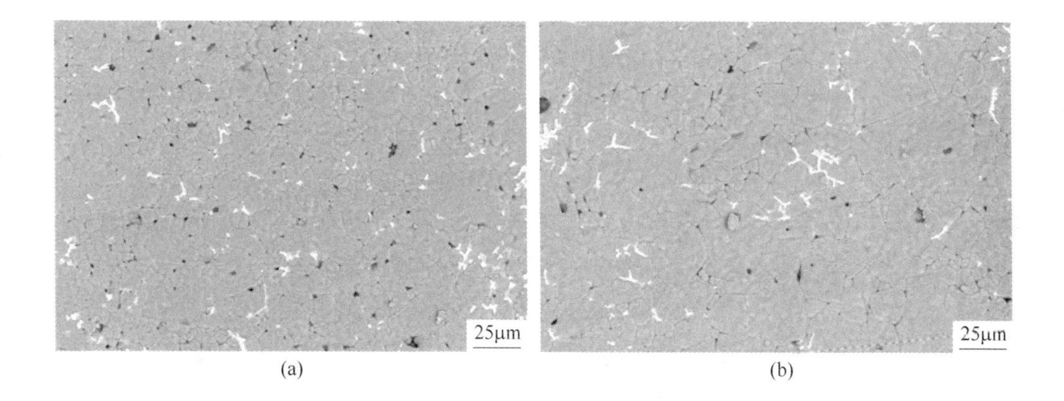

(a) (b)

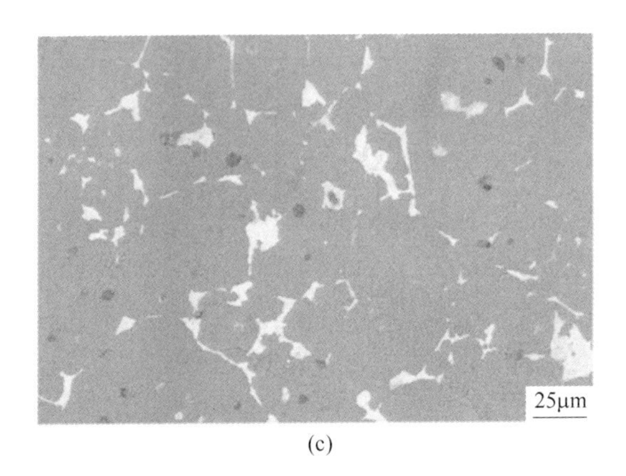

(c)

图 5-15 1600℃下烧结镁砂微观结构图
(a) 30min; (b) 1h; (c) 2h

**表 5-4 MgO 平均晶粒尺寸**

| 烧 结 时 间 | 30min | 1h | 2h |
|---|---|---|---|
| MgO 晶粒的平均尺寸/μm | 9.28 | 15.32 | 33.12 |

将表 5-4 中数据代入式（5-2）中可以得到 ln$G$ 与 ln$t$ 的曲线，如图 5-16 所示。可以看出，添加 $La_2O_3$ 后，MgO 晶粒的生长指数 $n$ 为 1，这与 $CeO_2$ 添加时计算得到的 $n$ 值相同，但比未添加 $La_2O_3$ 直接烧结时的 $n$（高纯镁砂烧结时，$n$ 值为 3）值小，这表明 $La_2O_3$ 的添加也有利于促进 MgO 烧结致密化和晶粒的生长。

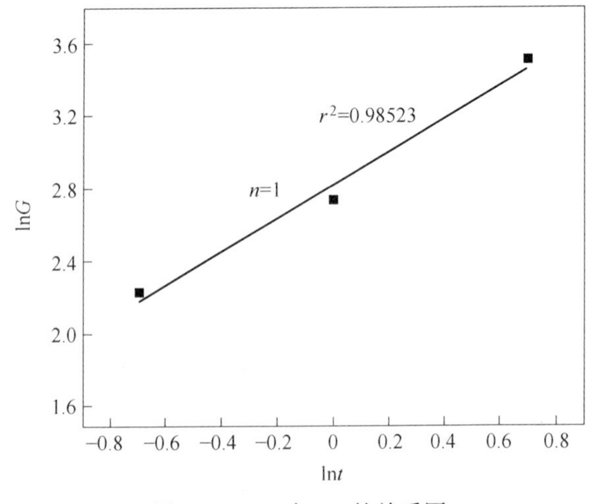


图 5-16 ln$G$ 与 ln$t$ 的关系图

B MgO 晶粒生长活化能

以平均粒度为 11.6μm 的 MgO 粉体为原料，以 1%的 $La_2O_3$ 为添加剂，分别在 1400℃、1500℃和 1600℃下烧结 2h，其微观结构图如图 5-17 所示。利用图像处理软件，应用线性截距法对图 5-17 进行 MgO 晶粒测量，可得 MgO 的晶粒尺寸，见表 5-5。

**表 5-5 MgO 平均晶粒尺寸**

| 烧结温度/℃ | 1400 | 1500 | 1600 |
|---|---|---|---|
| MgO 晶粒的平均尺寸/μm | 1.66 | 5.67 | 33.12 |

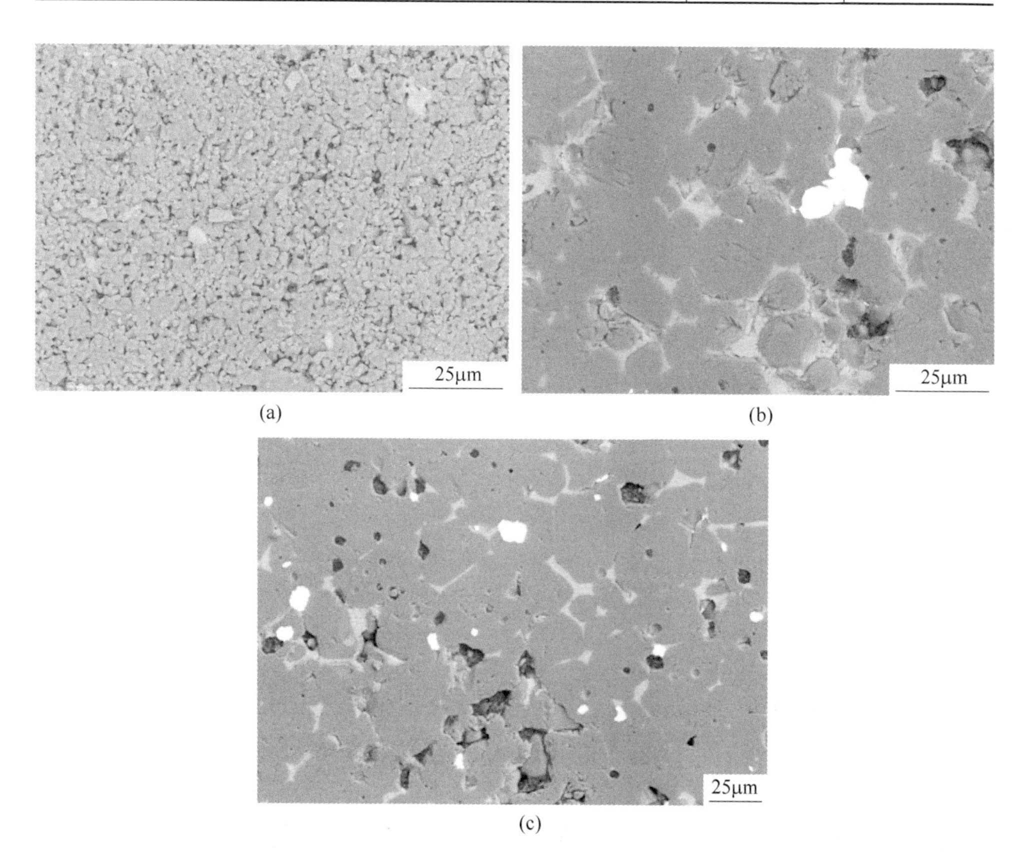


图 5-17 不同烧结温度下烧结镁砂的微观结构图
(a) 1400℃；(b) 1500℃；(c) 1600℃

将表 5-5 中的数据对应式 (2-5)，进行线性回归和最小二乘法处理，即可得到 $\ln(G^n/t)$ 与 $(1/T)\times10^{-4}$ 的关系图，如图 5-18 所示。由图 5-18 中直线的斜率 $-(Q/R)$ 可求得 MgO 晶粒生长的活化能，即 $Q=388.3$kJ/mol，MgO 晶粒生长动力学方程如下：

$$G = k_0 t \exp(-388.3/RT) \tag{5-7}$$

综上所述，$La_2O_3$ 的添加可以在以下两个方面提高烧结镁砂的性能：

（1）在高温烧结下，$La_2O_3$ 与杂质中的 $SiO_2$ 和 CaO 可以形成 $La_{4.67}(SiO_4)_3O$ 相和 $CaLa_4(SiO_4)_3O$ 相，这些高熔点相会填充 MgO 晶粒间的孔隙，将 MgO 晶粒紧密结合在一起，提高了烧结体致密性和抗压强度。同时，由于 $La_{4.67}(SiO_4)_3O$ 相和 $CaLa_4(SiO_4)_3O$ 相的热膨胀性能较好，它们的生成也有助于烧结镁砂的抗热震性能的提升。

（2）$La_2O_3$ 的添加会降低 MgO 的烧结生长活化能，促进 MgO 晶粒的生长发育，从而加速了烧结致密化的进程。

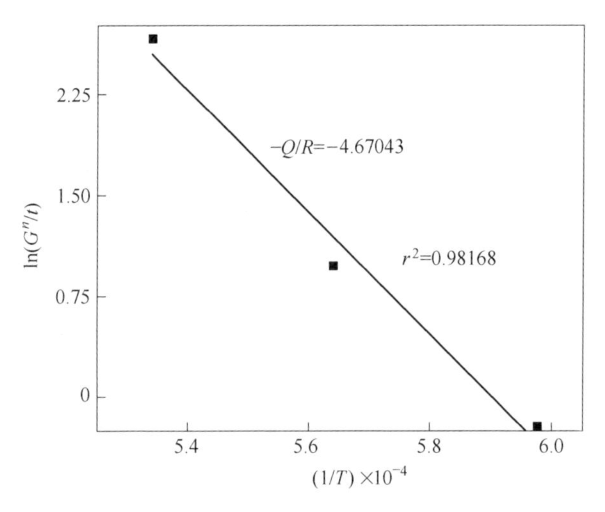


图 5-18　$\ln(G^n/t)$ 与 $(1/T)\times10^{-4}$ 的关系图

## 5.2　菱镁矿中加入添加剂对烧结镁砂致密性的影响

我国菱镁矿多为显晶质矿石，粉末性质成了氧化镁烧结的关键因素。如前所述，菱镁矿轻烧后其母盐“假晶”结构现象的存在是严重影响氧化镁的烧结过程，阻碍烧结镁砂体积密度提高的重要原因。有研究报道认为，在制备过程中，通过添加部分助剂，可以有效地改善所制备粉体的性能[10]。因此，本节着重分析不同添加剂对其与菱镁矿直接结合后，通过轻烧—成型—高温烧结工艺所制备出的烧结镁砂致密性的影响。其中，原材料为表 2-1 所述菱镁矿粉，添加剂为钛酸正丁酯、$Y_2O_3$ 和 $MgCl_2 \cdot 6H_2O$。添加方式为直接与菱镁矿粉体混匀的方式，成型压力为 180MPa，烧结温度为 1600℃。对于钛酸正丁酯和 $Y_2O_3$ 的添加量为

0.25%、0.5%和1%（质量分数）。对于 $MgCl_2 \cdot 6H_2O$ 的添加量为3%、6%和9%（质量分数）。

### 5.2.1 钛酸正丁酯对烧结镁砂致密性的影响

5.2.1.1 差热-热重分析

为了确定菱镁矿的轻烧温度，以便获得较高活性的轻烧MgO，本节分别对菱镁矿粉和添加了钛酸正丁酯的菱镁矿粉进行了差热-热重分析，分析结果如图5-19所示。其中，钛酸正丁酯的添加量选取为0.5%（质量分数）。

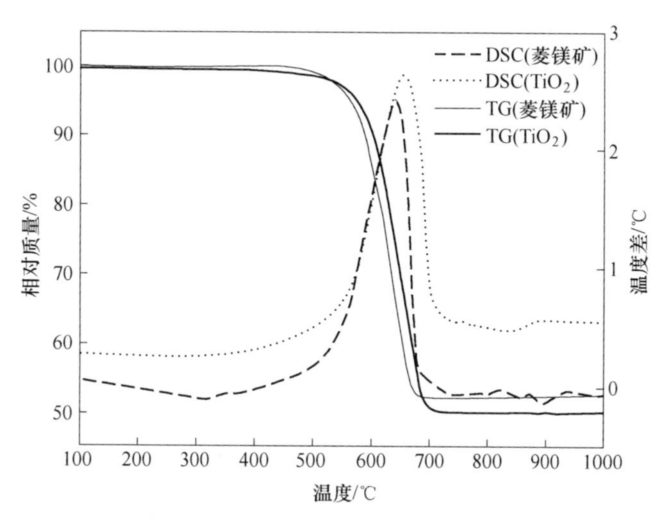

图5-19 菱镁矿及含钛酸正丁酯的菱镁矿的热重曲线图

从热重曲线可以看出，添加了钛酸正丁酯的菱镁矿粉的TG曲线与无烧结助剂的菱镁矿粉的TG曲线相比没有明显的差异，两者均在550~700℃温度区间时试样的失重最大，当加热温度超过700℃时，TG曲线平滑接近于水平。这说明了这两种菱镁矿粉在550℃开始分解，当温度达到700℃时菱镁矿已经完全分解，生成了氧化镁。也说明了钛酸正丁酯对菱镁石的分解温度影响不大。两者的DSC曲线也非常相似，在加热过程中，在550~700℃温度区间出现了唯一的吸热峰，这是碳酸镁的分解吸收了大量的热量所致。另外，还可以看出含有钛酸正丁酯的菱镁矿粉的主要吸热峰要强些，这可能是因为在加热过程中，钛酸正丁酯的分解也需要吸收一定量的热量。通过差热-热重分析可知，碳酸镁在700℃以上已经完全分解。因此，结合已有的研究[11]，本节研究选取轻烧温度为900℃。

5.2.1.2 红外光谱分析

图5-20为无烧结助剂和添加0.5%的钛酸正丁酯的菱镁矿粉，经900℃轻烧得到的轻烧MgO的红外光谱图。图中510~610$cm^{-1}$所对的强而宽的吸收峰、

864～896$cm^{-1}$处的较弱的吸收峰及1402～1427$cm^{-1}$处中强吸收峰均是两种轻烧MgO中的Mg-O键，1640～1655$cm^{-1}$处较弱的吸收峰为MgO表面吸收的水分子，3425～3440$cm^{-1}$为结合水的吸收峰，主要表征为镁盐的结晶水、氢氧化物和水合金属氧化物[12]。由无烧结助剂的菱镁矿煅烧得到的轻烧MgO，在1446$cm^{-1}$附近存在较弱的吸收峰；而由添加了钛酸正丁酯的菱镁矿得到的轻烧MgO，在1446$cm^{-1}$附近不存在吸收峰。这说明由无烧结助剂的菱镁矿得到的轻烧MgO粉中存在官能团$CO_3^{2-}$的残留物，尽管由热重结果分析得知在900℃的温度下已完全分解。正是由于这种残留物$CO_3^{2-}$的存在，在其进一步的烧结过程中生成$CO_2$，会以气孔形式存在于MgO晶粒内或晶界上，抑制MgO晶粒的长大，进而阻碍烧结氧化镁的致密化进程[13]。这也是钛酸正丁酯能够提高烧结镁砂致密性的原因之一。另外，由无烧结助剂的菱镁矿得到的轻烧MgO在1620$cm^{-1}$处的吸收峰比添加了钛酸正丁酯的轻烧MgO的吸收峰强，这说明在轻烧MgO冷却过程中，无烧结助剂的菱镁矿得到的轻烧MgO比添加了钛酸正丁酯的轻烧MgO吸收的水分多。如前所述，少量的水在MgO的烧结过程中可起到催化作用，其促进MgO烧结的机理是溶解到MgO内部产生空位[14]，进而促进烧结镁砂的致密性。

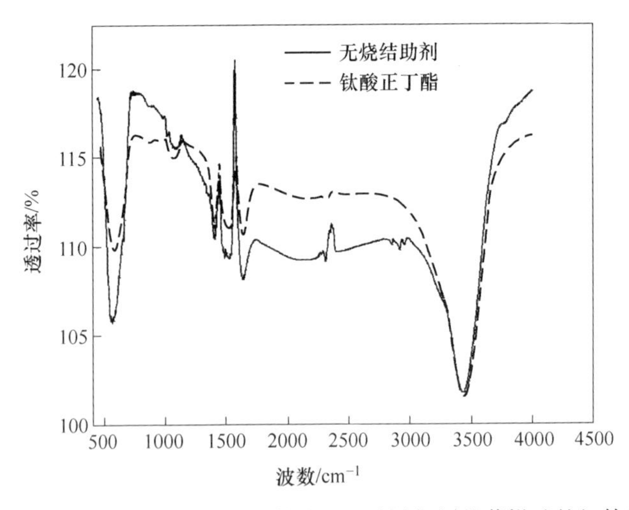


图5-20　无烧结助剂菱镁矿及含钛酸正丁酯添加剂的菱镁矿的红外光谱图

5.2.1.3　烧结镁砂的性能

图5-21为钛酸正丁酯添加量对所制备的烧结镁砂体积密度和气孔率的影响。可以看出，钛酸正丁酯对烧结镁砂致密化的影响较为复杂。当钛酸正丁酯的添加量为0.25%时，其体积密度较无烧结助剂的烧结镁砂略低。这可能是由于钛酸正丁酯的添加量太少，在1600℃温度下其不能与烧结氧化镁中的杂质相

CaO 反应生成高熔点化合物 $CaTiO_3$，反而由于钛酸正丁酯的加入，相当于引入大颗粒的杂质相 $TiO_2$，从而导致其体积密度减小；当钛酸正丁酯添加量多于 0.25%时，随着钛酸正丁酯添加量的增加，烧结镁砂的体积密度也随着增加，相应的烧结镁砂的开口气孔率和闭口气孔率也在钛酸正丁酯添加量为 0.25%时达到了最大值，此后随着钛酸正丁酯添加量的增加，烧结镁砂的开口气孔率和闭口气孔率均随之减少。这说明 $TiO_2$ 的存在促进了氧化镁的烧结，提高了烧结镁砂的致密性。

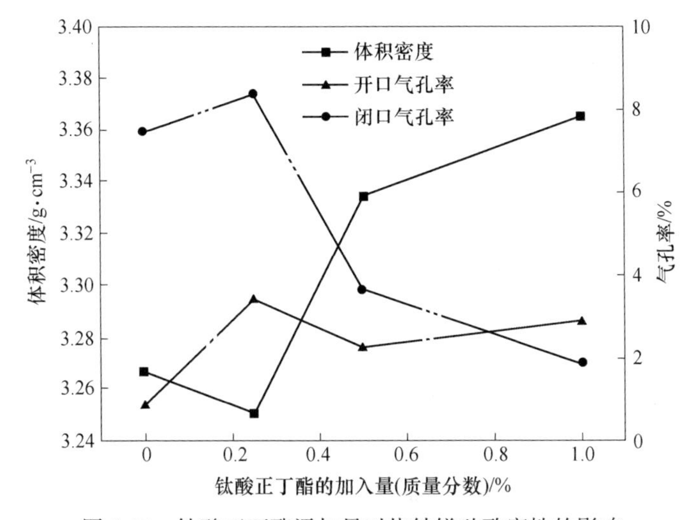


图 5-21　钛酸正丁酯添加量对烧结镁砂致密性的影响

5.2.1.4　物相衍射分析

在菱镁矿粉中添加 0.5%（质量分数）的钛酸正丁酯后，由其所制备的烧结镁砂的 X 射线衍射图谱如图 5-22 所示。可以发现，钛酸正丁酯经高温分解后残留的 $TiO_2$ 在 MgO 烧结过程中与原料中的杂质进行反应，并生成了少量的 $CaTiO_3$ 相。$CaTiO_3$ 的熔点高达 1989℃，高熔点结合相的生成可提高烧结镁砂的高温使用性能，同时，新相的生成产生了大量的空位，提高了晶粒的扩散能力，从而促进了氧化镁的烧结，提高了烧结镁砂的体积密度。

5.2.1.5　扫描电镜分析

图 5-23 分别给出了由添加 0.5%（质量分数）的钛酸正丁酯和不添加烧结助剂的菱镁矿粉，所制备的烧结镁砂微观结构图。可以看出，在无烧结助剂的烧结镁砂中存在较多的气孔，这是其体积密度较低的根本原因；而添加了钛酸正丁酯后，烧结镁砂中的气孔明显减少，并且晶粒粒径也增大了近 5 倍，这说明钛酸正丁酯能够促进氧化镁晶粒的长大，降低了烧结试样的气孔率，提高了烧结镁砂的致密性。

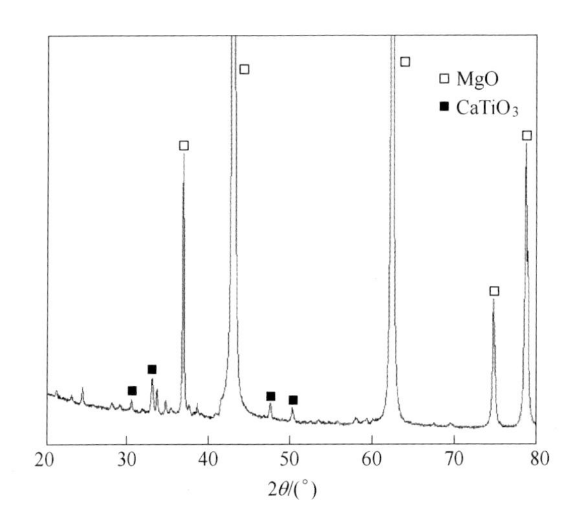


图 5-22　添加 0.5%（质量分数）钛酸正丁酯所制备烧结镁砂的 XRD 图谱

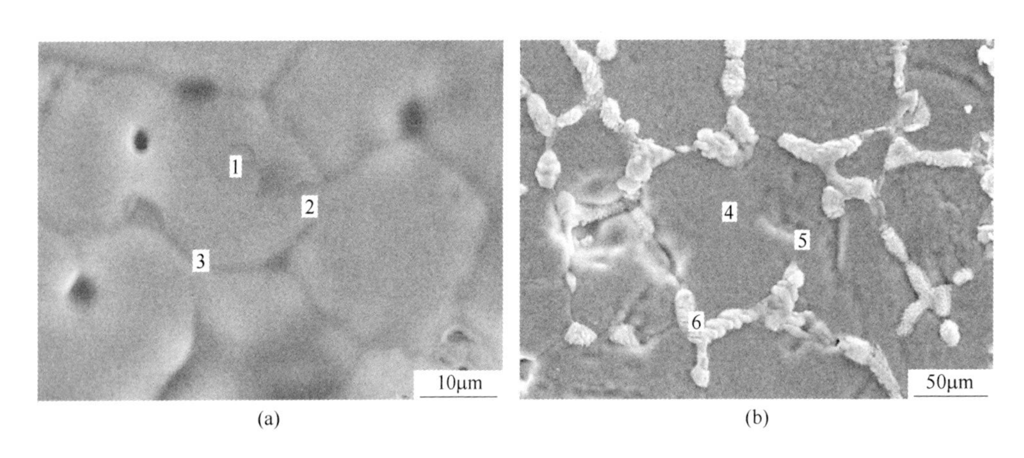


图 5-23　无烧结助剂和添加 0.5%钛酸正丁酯所制备烧结氧化镁的 SEM 图
（a）无添加剂；（b）添加 0.5%（质量分数）钛酸正丁酯

另外，比较图 5-23（a）和（b）可以看出，在图 5-23（b）的晶界处出现了一些白色较亮的物相，因此，分别对基体、晶界以及三叉晶界处进行能谱分析，所得结果见表 5-6～表 5-11。

**表 5-6　图 5-23（a）点 1 处物质所含元素的百分含量**

| 元　素 | 质量分数/% | 原子分数/% |
|---|---|---|
| O | 36.27 | 46.37 |

续表 5-6

| 元　　素 | 质量分数/% | 原子分数/% |
|---|---|---|
| Mg | 63.73 | 53.63 |

**表 5-7　图 5-23（a）点 2 处物质所含元素的百分含量**

| 元　　素 | 质量分数/% | 原子分数/% |
|---|---|---|
| O | 33.21 | 43.04 |
| Mg | 66.79 | 56.96 |

**表 5-8　图 5-23（a）点 3 处物质所含元素的百分含量**

| 元　　素 | 质量分数/% | 原子分数/% |
|---|---|---|
| O | 36.71 | 46.84 |
| Mg | 63.29 | 53.16 |

对未添加钛酸正丁酯的烧结镁砂（图 5-23（a））的基体、晶界及三叉晶界处的物质的能谱分析可知，烧结镁砂试样（a）只分析出了 Mg 和 O 两种元素，但由烧结镁砂试样（a）的基体、晶界及三叉晶界处的物质所含元素的百分含量，可以看出其中的 Mg 与 O 元素的质量百分比均小于纯物质 MgO 中的 Mg 与 O 元素的质量百分比。由此可以推知烧结镁砂试样（a）的基体、晶界及三叉晶界处均不是较纯的 MgO，均可能含有少量的 CaO 和 $SiO_2$ 的杂质相。

**表 5-9　图 5-23（b）点 4 处物质所含元素的百分含量**

| 元　　素 | 质量分数/% | 原子分数/% |
|---|---|---|
| O | 39.96 | 50.29 |
| Mg | 60.04 | 49.71 |

**表 5-10　图 5-23（b）点 5 处物质所含元素的百分含量**

| 元　　素 | 质量分数/% | 原子分数/% |
|---|---|---|
| O | 48.21 | 65.85 |
| Mg | 8.37 | 7.53 |
| Si | 8.10 | 6.30 |
| Ti | 6.63 | 4.68 |

续表 5-10

| 元　　素 | 质量分数/% | 原子分数/% |
|---|---|---|
| Ca | 28.69 | 15.64 |

**表 5-11　图 5-23（b）点 6 处物质所含元素的百分含量**

| 元　　素 | 质量分数/% | 原子分数/% |
|---|---|---|
| O | 42.80 | 60.62 |
| Mg | 12.25 | 11.42 |
| Si | 10.65 | 8.59 |
| Ti | 0.28 | 0.13 |
| Ca | 34.03 | 19.24 |

对添加 0.5%的钛酸正丁酯烧结镁砂试样（图 5-23（b））的基体处的物质的能谱分析可知，烧结镁砂试样（b）的基体只含有 Mg 和 O 两种元素，并且由其基体处的物质所含元素的百分含量可以看出，烧结镁砂试样 Mg、O 元素的质量百分比基本上与纯物质 MgO 中 Mg、O 百分比相同，这说明烧结镁砂的基体为 MgO。对晶界处的物质进行能谱分析后，可知在晶界及三叉晶界处均含有一定含量的 Ti 元素存在，因此此处的物相应为 $CaTiO_3$。除此之外，在晶界处还含有一定量的 Mg、O、Si 和 Ca 元素。在 SEM 照片的晶界处也可以清楚地看到杂质相的存在，这是由于在高温烧结过程中，钛酸正丁酯的加入降低了原料中 $SiO_2$、CaO 和 $Al_2O_3$ 等杂质的析出自由能，而使其在晶界处形成一定的杂质相。新相的形成可以提高烧结镁砂的固-固结合力，因此钛酸正丁酯降低了烧结镁砂试样的气孔率，提高了烧结氧化镁的致密性。另外钛酸盐一般具有较高的熔点，在晶界处形成的钛酸盐可提高烧结镁砂的抗热震性能[15]。

### 5.2.2　氧化钇对烧结镁砂致密性的影响

#### 5.2.2.1　差热-热重分析

对添加 0.5%（质量分数）氧化钇和无烧结助剂的菱镁矿粉进行了差热-热重分析，所得结果如图 5-24 所示。从热重曲线可以看出，添加了氧化钇和无烧结助剂的菱镁矿粉的 TG 曲线相比没有明显的差异，两者均在 550~700℃温度区间时试样的失重最大，当加热温度超过 700℃时，TG 曲线平滑接近于水平。这说明了这两种菱镁矿粉在 550℃开始分解，当温度达到 700℃时菱镁矿已经完全分解，生成了氧化镁。也说明了氧化钇对菱镁石的分解温度影响不大。两者的 DSC 曲线也非常相似，加热过程中，在 550~700℃温度区间出现了唯一的吸热峰，这是碳酸镁的分解吸收了大量的热量所致。此外，可以看出，氧化钇的添加对于菱镁矿的分解没有任何影响。因此，如前所述，可选取菱镁矿的轻烧温度为 900℃。

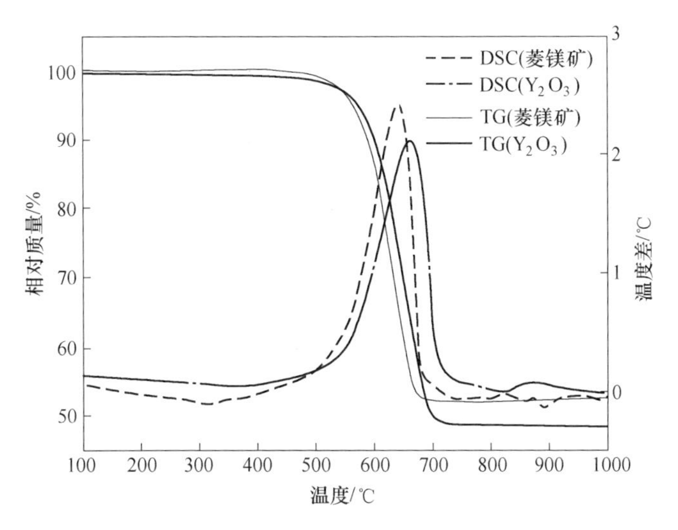


图 5-24 菱镁矿及含氧化钇的菱镁矿的热重曲线图

5.2.2.2 红外光谱分析

图 5-25 为无烧结助剂和添加 0.5%（质量分数）的氧化钇的菱镁矿粉，经轻烧 900℃得到的轻烧 MgO 的红外光谱图。图中 510~610$cm^{-1}$所对的强而宽的吸收峰、864~896$cm^{-1}$处得较弱的吸收峰及 1402~1427$cm^{-1}$处中强吸收峰均是两种轻烧 MgO 中的 Mg-O 键，1640~1655$cm^{-1}$处较弱的吸收峰为 MgO 表面吸收的水分子，3425~3440$cm^{-1}$为结合水的吸收峰。

比较图中两种轻烧 MgO 粉的红外光谱吸收曲线可以发现，由无烧结助剂的菱镁矿煅烧得到的轻烧 MgO，在 1446$cm^{-1}$附近均存在较弱的吸收峰，而由添加了氧化钇的菱镁矿得到的轻烧 MgO 在 1446$cm^{-1}$附近不存在吸收峰。这说明由无烧结助剂的菱镁矿得到的轻烧 MgO 粉中存在官能团 $CO_3^{2-}$的残留物，尽管由热重结果分析得知在 900℃的温度下已分解完全。正是由于这种残留物 $CO_3^{2-}$的存在，在其进一步的烧结过程中生成 $CO_2$，会以气孔形式存在于 MgO 晶粒内或晶界上，抑制 MgO 晶粒的长大，进而阻碍烧结氧化镁的致密化进程[13]。这也是氧化钇能够提高烧结镁砂致密性的原因之一。另外，由无烧结助剂的菱镁矿得到的轻烧 MgO 在 1620$cm^{-1}$处的吸收峰，比添加了氧化钇的轻烧 MgO 的吸收峰强，这说明在轻烧 MgO 冷却过程中，无烧结助剂的菱镁矿得到的轻烧 MgO 比添加了氧化钇的轻烧 MgO 吸收的水分多。

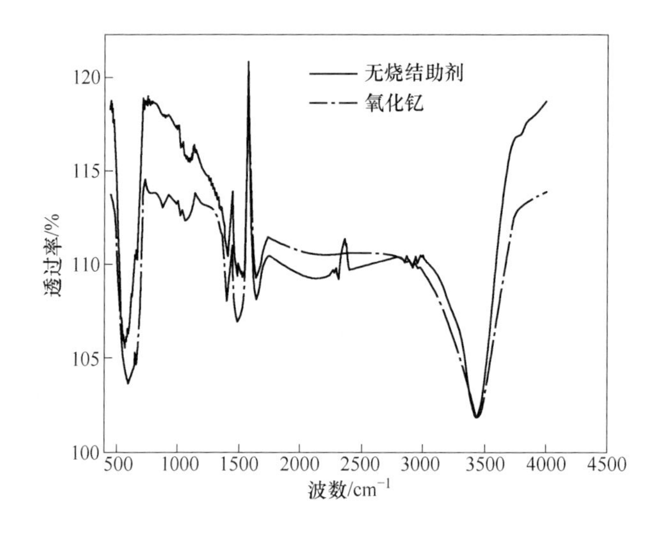


图 5-25　无烧结助剂菱镁矿及添加 0.5%（质量分数）氧化钇的菱镁矿的红外光谱图

5.2.2.3　烧结镁砂的性能

图 5-26 为氧化钇添加量对烧结镁砂致密性的影响。可以看出，氧化钇添加剂使烧结镁砂的体积密度得到了显著的提高，氧化钇添加量（质量分数）为 0.5%时，烧结镁砂的体积密度达到了最大值 3.41g/$cm^3$，同时烧结镁砂的开孔气孔率和闭口气孔率也降到了最低值；当氧化钇的添加量（质量分数）达到 1%时，烧结镁砂的体积密度开始呈下降趋势，这可能是由于氧化钇添加剂在与氧化镁中的杂质相反应生成低熔点化合物以后，所添加的氧化钇没有反应完全，所得的烧结物质中还有残余的氧化钇，这时的氧化钇又相当于引入的新的杂质相，因此，此时烧结镁砂的体积密度减少，相应的气孔率也随之增加。

5.2.2.4　物相衍射分析

在菱镁矿粉中添加了 0.5%（质量分数）的氧化钇后，由其所制备的烧结镁砂的 X 射线衍射图谱如图 5-27 所示。可以发现，烧结镁砂的试样中，除了存在 MgO 相，还出现了少量的 $Y_2Si_2O_7$ 相。因此，可以得出这样的结论，$Y_2O_3$ 与原料中的杂质相 $SiO_2$ 进行了反应，并生成了少量的 $Y_2Si_2O_7$ 相，新相的形成，提高了烧结镁砂的 Ca/Si 比，提高了烧结镁砂的高温使用性能。再由 $SiO_2$-$Al_2O_3$-$Y_2O_3$ 三元相图（图 5-28）分析可知，在 1400℃时存在液相区。这说明氧化钇提高烧结镁砂致密性的原因可能是，在 1600℃的烧结温度下，由于氧化钇的加入，致使氧化镁的烧结过程存在液相烧结，从而促进了 MgO 的烧结，提高烧结镁砂的体积密度。

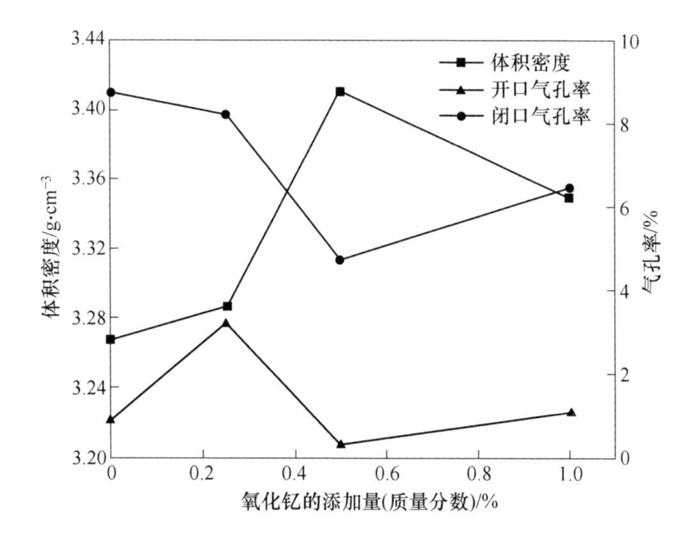


图 5-26 氧化钇添加量对烧结镁砂的影响

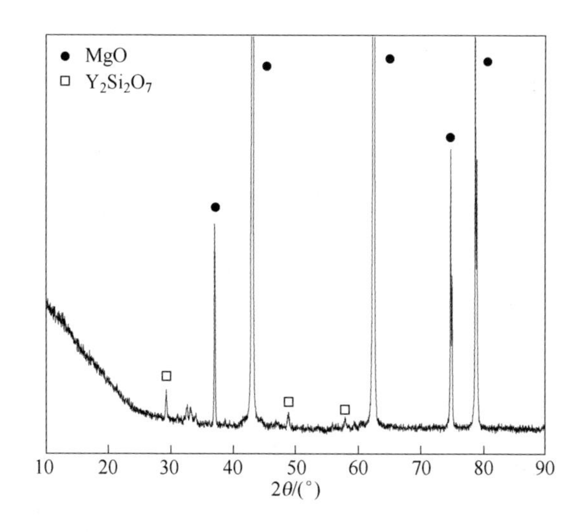


图 5-27 添加 0.5%（质量分数）氧化钇所制备的烧结镁砂的 XRD 图谱

5.2.2.5 扫描电镜分析

图 5-29 示出了未添加烧结助剂和添加 0.5%（质量分数）氧化钇的菱镁矿粉，所制备的烧结镁砂的微观结构图。可以看出，在无烧结助剂的烧结镁砂中，存在较多的较大气孔，且其晶粒尺寸不均匀；添加了氧化钇以后，烧结试样的气孔明显减小，其晶粒粒径约增大了 2 倍，这说明氧化钇能够促进氧化镁晶粒的长大，减小烧结试样的气孔，提高烧结镁砂的致密性。

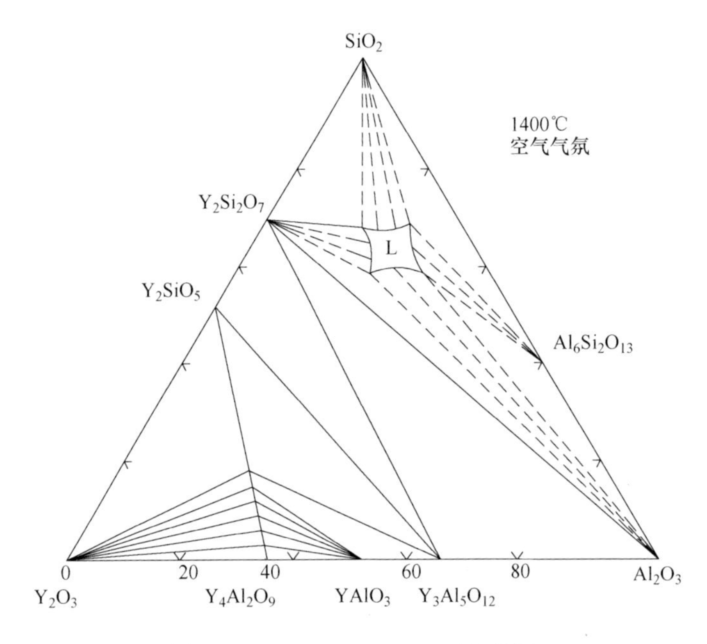


图 5-28　$SiO_2$-$Al_2O_3$-$Y_2O_3$ 三元相图

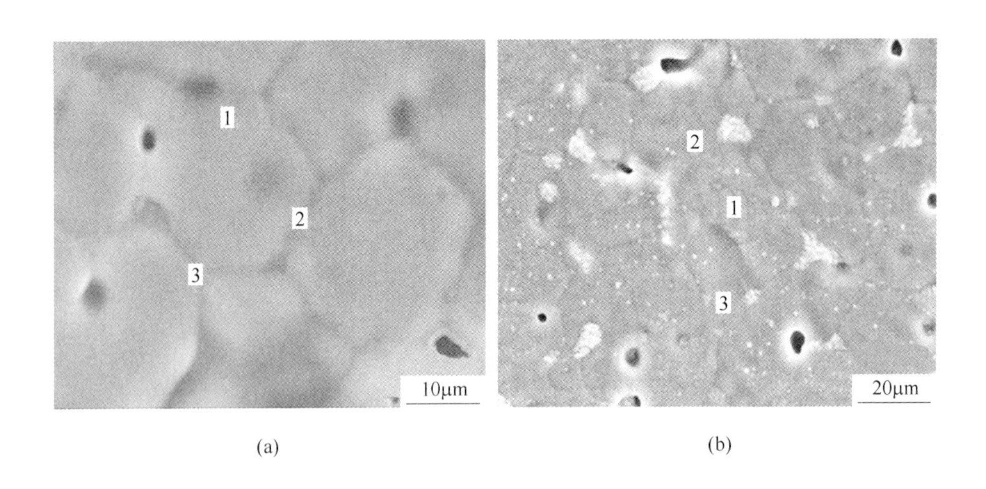


图 5-29　无烧结助剂和添加了氧化钇烧结助剂所制备烧结氧化镁的 SEM 图
（a）无添加剂；（b）添加 0.5%（质量分数）氧化钇

在添加氧化钇的烧结镁砂中（图 5-29（b））晶界处出现了一些白色较亮的物相，因此，分别对其基体、晶界以及三叉晶界处进行能谱分析，所得结果见表 5-12～表 5-14。

表 5-12 图 5-29（b）点 1 处物质所含元素的百分含量

| 元　　素 | 质量分数/% | 原子分数/% |
|---|---|---|
| O | 42.02 | 52.41 |
| Mg | 57.98 | 47.59 |

表 5-13 图 5-29（b）点 2 处物质所含元素的百分含量

| 元　　素 | 质量分数/% | 原子分数/% |
|---|---|---|
| O | 39.31 | 52.02 |
| Mg | 48.65 | 42.37 |
| Ca | 9.43 | 4.98 |
| Y | 2.60 | 0.62 |

表 5-14 图 5-29（b）点 3 处物质所含元素的百分含量

| 元　　素 | 质量分数/% | 原子分数/% |
|---|---|---|
| O | 42.67 | 62.49 |
| Mg | 11.16 | 10.76 |
| Ca | 25.95 | 15.17 |
| Y | 9.25 | 2.44 |
| Si | 10.96 | 9.14 |

图 5-29（b）所示的烧结镁砂基体处只分析出了 Mg 和 O 两种元素，并且由其基体处的物质所含元素的百分含量可以看出，烧结镁砂试样 Mg、O 元素的质量百分比基本上与纯物质 MgO 中 Mg、O 百分比相同，这说明此烧结镁砂试样基体基本就是纯的 MgO。对烧结镁砂试样晶界处的物质进行能谱分析后可以发现，在晶界及三叉晶界处均含有一定含量 Y 元素存在，其可能是以 $Y_2Si_2O_7$的形式存在。另外在晶界处还发现了 Mg、O 和少量 Ca 元素，并没发现 Si 元素存在，这可能是此处 Si 元素含量非常少，很难在图谱上显示所致。除此之外，在三叉晶界处还含有一定量的 Mg、O、Si、Ca 元素。在 SEM 照片中也可以清楚地看到杂质相的存在，这是由于在高温烧结过程中，氧化钇的加入降低了原料中 $SiO_2$、CaO 和 $Al_2O_3$ 等杂质的析出自由能，而使其在晶界处形成一定的杂质相。新相的形成可以提高烧结镁砂的固-固结合力，因此氧化钇降低烧结镁砂试样的气孔率，提高烧结镁砂的致密性。

### 5.2.3　氯化镁对烧结镁砂致密性的影响

5.2.3.1　差热-热重分析

为了研究氯化镁对菱镁矿分解温度的影响，确定添加了氯化镁的菱镁矿的最佳轻烧温度，分别对无添加剂和添加了6%（质量分数）的氯化镁的菱镁矿粉进行了差热-热重分析，所得结果如图5-30所示。从热重曲线可以看出，$MgCl_2$ 的添加降低了菱镁矿的分解温度。添加氯化镁的菱镁矿，其开始分解温度由550℃降低到了400℃，完全分解温度从700℃降低到了550℃，试样的主要失重温度区间发生在400~550℃范围内。该菱镁矿粉的DSC曲线有四个吸热峰，这可能是因为 $MgCl_2 \cdot 6H_2O$ 在加热过程中，失去结晶水也要吸收一部分热量，因此比无添加剂的菱镁矿粉多了几个吸热峰。另外，400~550℃范围内的主要吸热峰，添加 $MgCl_2$ 与无添加剂的菱镁矿粉相比较弱，这可能是 $MgCl_2$ 分解释放一些热量所导致。

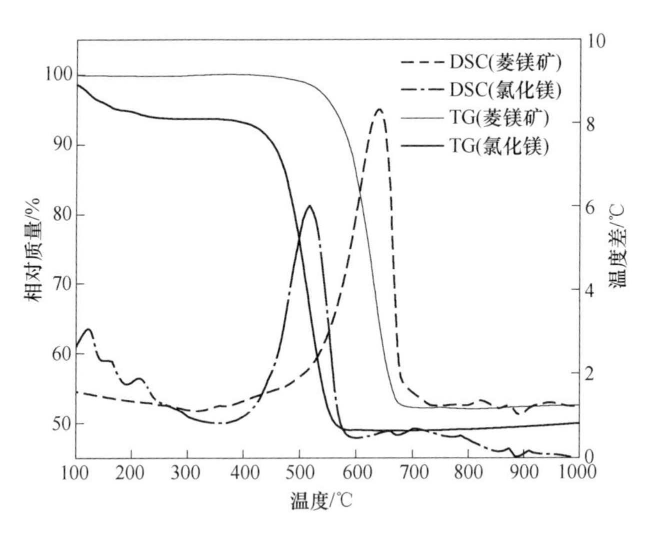


图5-30　无添加剂菱镁矿及含6%（质量分数）氯化镁的菱镁矿的差热曲线

上述分析结果表明，氯化镁添加剂能够降低菱镁矿的分解温度。为了确定氯化镁的最佳添加量，进一步探究氯化镁的添加量对菱镁矿分解温度的影响。本实验对分别添加了5%、10%和15%（质量分数）氯化镁的菱镁矿进行了差热-热重分析。分析结果如图5-31所示。

由差热-热重分析得出，氯化镁的最佳添加量（质量分数）在5%~10%之间。因此，在分析氯化镁对烧结镁砂致密化影响的实验中，取氯化镁的添加量（质量分数）分别为3%、6%和9%。

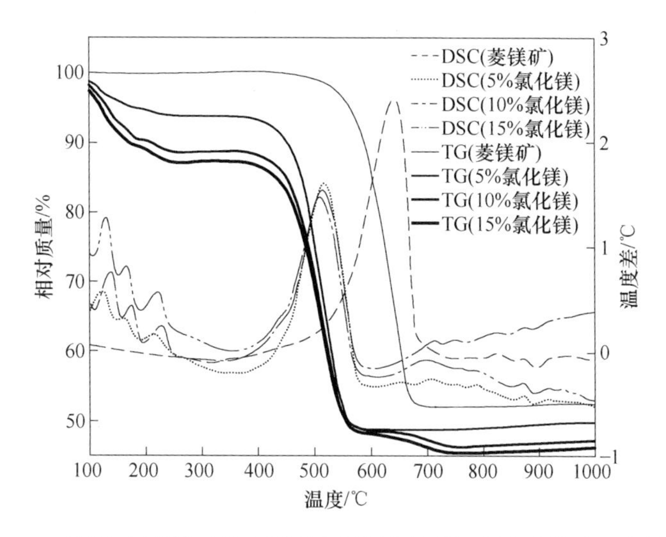


图 5-31 无添加剂菱镁矿及含不同含量氯化镁添加剂的菱镁矿的差热曲线

#### 5.2.3.2 红外光谱分析

图 5-32 为无添加剂和添加 5%（质量分数）氯化镁的菱镁矿粉经 750℃ 轻烧得到的轻烧 MgO 的红外光谱图。图中 510～610$cm^{-1}$ 所对应的强而宽的吸收峰和 864～896$cm^{-1}$ 处的较弱吸收峰及 1402～1427$cm^{-1}$ 处较强吸收峰均是两种轻烧 MgO 中的 Mg-O 键，1640～1655$cm^{-1}$ 处较弱的吸收峰为 MgO 表面吸收的水分子，3425～3440$cm^{-1}$ 为结合水的吸收峰。比较图 5-32 中两种轻烧 MgO 粉的红外光谱吸收曲线可以发现，由无烧结助剂的菱镁矿煅烧得到的轻烧氧化镁在 1446$cm^{-1}$ 附近存在较弱的吸收峰，这说明这种轻烧 MgO 粉中仍存在官能团 $CO_3{}^{2-}$ 的残留物，由于这种残留物 $CO_3{}^{2-}$ 的存在，在其进一步的烧结过程中生成 $CO_2$，可能会以气孔形式存在于 MgO 晶粒内或晶界上，抑制 MgO 晶粒的长大，阻碍烧结镁砂的致密化进程。然而，由添加了氯化镁的菱镁矿煅烧得到的轻烧 MgO，在 1400$cm^{-1}$ 附近不存在吸收峰，这是 MgO 表面的 $CO_3{}^{2-}$ 吸附基团被排除所致。这也是氯化镁能够提高烧结镁砂致密性的原因之一。该轻烧 MgO 粉中没有官能团 $CO_3{}^{2-}$ 的残留物，这一现象说明了氯化镁能够破坏碳酸镁的“假晶”结构，在一定程度上也可说明了氯化镁能够降低菱镁矿的分解温度，与上述差热-热重分析结果相符。

另外，由无烧结助剂的菱镁矿得到的轻烧 MgO 在 1620$cm^{-1}$ 处的吸收峰，比添加了氯化镁的轻烧 MgO 的吸收峰强，这说明在轻烧 MgO 冷却过程中，无烧结助剂的菱镁矿得到的轻烧 MgO 比添加了氯化镁的轻烧 MgO 吸收的水分多。

#### 5.2.3.3 物相衍射分析

由上述的差热-热重分析可知，无添加剂和添加了不同含量的氯化镁的菱镁

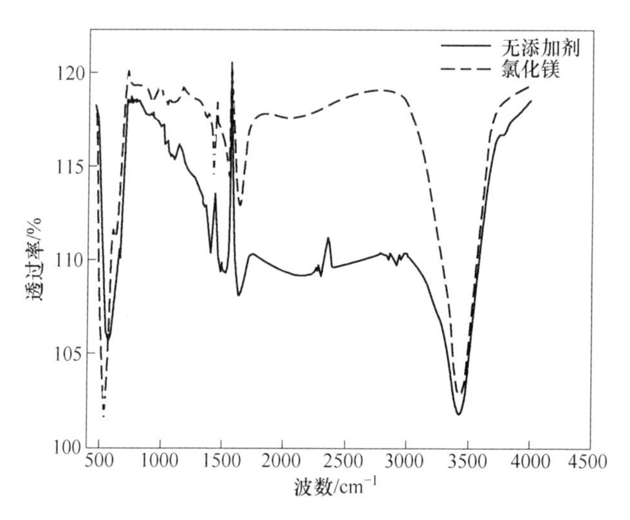


图 5-32 无添加剂菱镁矿及含氯化镁添加剂的菱镁矿的红外光谱图

矿在 700℃的温度下均已分解完全。因此，对由菱镁矿和添加了质量分数为 5%氯化镁的菱镁矿粉，在 700℃温度下轻烧后得到的轻烧 MgO 进行的 X 射线衍射分析，分析结果如图 5-33 所示。菱镁矿经 700℃煅烧后，仍然存在 MgO 和 $MgCO_3$ 相，说明菱镁矿在 700℃温度下没有分解完全，所得的轻烧 MgO 粉末中仍有残余的 $MgCO_3$。添加了质量分数为 5%氯化镁的菱镁矿，经 700℃煅烧后得到的轻烧 MgO 中，只存在 MgO 相，这表明添加了氯化镁的菱镁矿在该温度下已经分解完全。这一现象也说明了氯化镁能够降低菱镁矿的分解温度，与上述差热-热重分析结果相符。

为了考察添加氯化镁的菱镁矿的最佳轻烧温度，对添加了质量分数为 5%的菱镁矿分别在 700℃、650℃、600℃和 550℃的温度下煅烧，并对产物进行了 X 射线衍射分析，其分析结果如图 5-34 所示。

从图中可以看出，添加了质量分数为 5%的菱镁矿在 700℃、650℃和 600℃温度下煅烧得到的轻烧 MgO 粉的 XRD 谱图中只有 MgO 相，这说明添加了氯化镁的菱镁矿粉在该温度下已经分解完全；但是在 550℃的温度下煅烧得到的轻烧 MgO 粉的 XRD 谱图中，除了有 MgO 相还有部分 $MgCO_3$ 相，说明添加了 5%（质量分数）氯化镁的菱镁矿粉在该温度下还没有分解完全，得到的轻烧 MgO 粉末中还有残余的 $MgCO_3$。由上述分析结果可知，添加了质量分数为 5%的菱镁矿粉在 600℃已经完全分解。

5.2.3.4 烧结镁砂的性能

表 5-15 给出了氯化镁添加量（质量分数）为 5%，由不同轻烧温度（600℃、650℃、700℃、750℃、800℃、850℃和 900℃）煅烧制得的轻烧氧化镁制备的烧

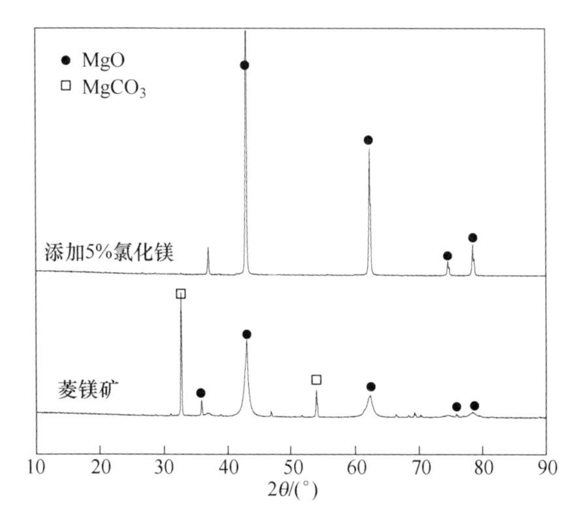


图 5-33 菱镁矿和添加 5%氯化镁的菱镁矿在 700℃温度下得到的轻烧 MgO 的 XRD 图谱

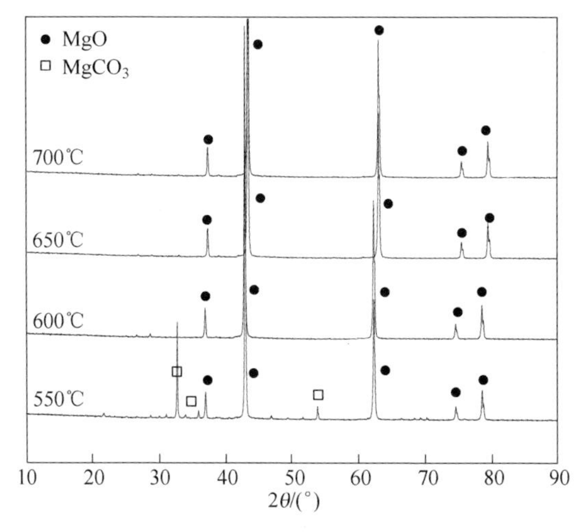


图 5-34 含 5%氯化镁的菱镁矿在不同温度下得到的轻烧 MgO 的 XRD 图谱

结镁砂的体积密度、开孔气孔率和闭口气孔率。可以看出，轻烧温度对由添加了5%氯化镁的菱镁矿制备的烧结镁砂的体积密度、开口气孔率和闭口气孔率的影响比较复杂。轻烧温度在 750℃温度以下，随着轻烧温度的提高，烧结镁砂的体积密度和气孔率均随之增加；但是轻烧温度超过 750℃时，随着轻烧温度的提高，烧结镁砂的体积密度及气孔率均随之下降。导致这种现象的原因可能是，氯化镁降低了菱镁矿的分解温度，在较低的温度下就能得到活性较高的轻烧氧化镁。另外氯离子能够破坏菱镁矿的母盐“假晶”现象[10]，因此在轻烧温度为750℃时，便能得到烧结性能良好的轻烧氧化镁。温度过低，菱镁矿的“假晶”不能破坏，随着温度的升高，菱镁矿的“假晶”现象随之消失，但是温度过高，会使轻烧氧化镁的活性降低，不利于氧化镁的烧结。因此，添加了氯化镁的菱镁矿粉的最佳轻烧温度是750℃。

**表 5-15　不同轻烧温度制备的烧结氧化镁的体积密度、开口气孔率和闭口气孔率**

| 轻烧温度/℃ | 体积密度/g·cm$^{-3}$ | 开口气孔率/% | 闭口气孔率/% |
|---|---|---|---|
| 600 | 3.12 | 3.71 | 17.2 |
| 650 | 3.27 | 2.91 | 9.72 |
| 700 | 3.32 | 2.44 | 8.84 |
| 750 | 3.35 | 2.16 | 7.67 |
| 800 | 3.33 | 2.36 | 8.67 |
| 850 | 3.11 | 3.94 | 12.56 |
| 900 | 2.93 | 8.54 | 18.63 |

图5-35为氯化镁添加量对烧结镁砂致密性的影响。可见，氯化镁添加剂对烧结镁砂致密性的影响较为复杂，随着氯化镁添加量的增加，烧结镁砂的体积密度逐渐减少，相应的烧结镁砂的开口气孔率和闭口气孔率也随之增加。当氯化镁添加量超过3%以后，随着氯化镁添加量的增加，烧结镁砂的体积密度又开始增加，其开口气孔率和闭口气孔率开始降低；氯化镁添加量（质量分数）达到6%时，烧结镁砂的体积密度达到最大值，相应的开口气孔率和闭口气孔率也达到最小值，此时得到的烧结镁砂致密性最好；随后随着氯化镁添加量的增加，烧结镁砂的体积密度又开始减少，开口气孔率和闭口气孔率开始升高。出现这种结果的原因可能是，在氯化镁的添加量（质量分数）为3%时，由于氯化镁的添加量太少，菱镁矿在750℃轻烧时没有完全分解，导致在下一步的烧结过程中菱镁矿分解生成的$CO_2$逸出，使试样的气孔率增加，体积密度减小；也可能是氯化镁的添加量过少，在750℃轻烧温度下，不足以使菱镁矿的母盐“假晶”现象消除，而导致烧结镁砂的体积密度减小。在氯化镁添加量（质量分数）为6%时，得到致密性较好的烧结镁砂的原因可能是，添加了质量分数为6%的菱镁矿在750℃较低的轻烧温度下分解完全，并且得到了较高活性的轻烧MgO粉末，另外由于氯离子有破坏菱镁矿母盐“假晶”的效果，因此在该条件下得到的烧结镁砂的致密性最佳。在氯化镁添加量（质量分数）为9%时，体积密度反而降低的原因可能是，由于氯化镁的添加量过多，在菱镁矿轻烧过程中氯化镁没有分解完全，致

使在下一步高温烧结过程中分解生成的 HCl 气体的逸出，增加了烧结镁砂的气孔率，导致烧结镁砂试样体积密度的降低。

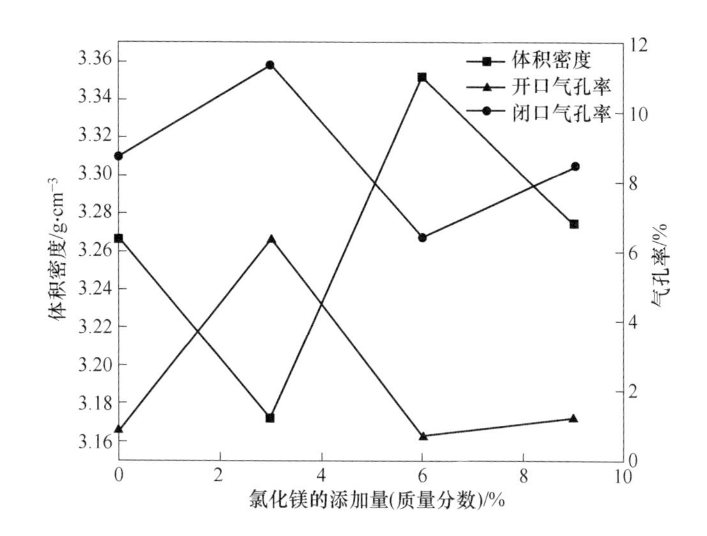


图 5-35 氯化镁的添加量对烧结氧化镁的体积密度及气孔率的影响

5.2.3.5 扫描电镜分析

图 5-36 示出了不添加和分别添加了 3%、6%和 9%（质量分数）氯化镁的菱镁矿经 750℃轻烧得到的不同轻烧 MgO 粉的形貌。可以看出，没有添加氯化镁的菱镁矿经轻烧后得到的轻烧 MgO 粉，存在明显的菱面体形貌（此为典型菱镁矿的晶体结构），说明这种轻烧氧化镁粉中存在菱镁矿母盐“假晶”现象；这种现象的存在严重影响了氧化镁的烧结性能。氯化镁的加入在一定程度上损坏了菱镁矿的母盐“假晶”现象；在添加了 3%氯化镁的试样中，可能是由于氯化镁的添加量少，该粉末仍然保留着少量的菱镁矿的母盐“假晶”现象，但是可以看到氯化镁作用的痕迹，小颗粒较无添加剂的试样明显增多；添加了 6%和 9%氯化镁试样的轻烧氧化镁粉，是由尺寸非常均匀的球形颗粒组成，呈絮状，基本上消除了菱镁矿的“假晶”现象。这可能是由于氯化镁的加入，促进了 $MgCO_3$ 向 MgO 的成核相变，导致 MgO 晶粒迅速长大，较大的 MgO 的晶粒尺寸降低了晶粒间的结合力，因而降低了菱镁矿母盐“假晶”的强度。

图 5-37 分别给出了采用添加质量分数为 6%的氯化镁和不添加任何添加剂的菱镁矿粉，所制备的烧结镁砂的微观结构图。可以看出，无添加剂的烧结试样粒径大小不一，而添加了氯化镁的烧结试样粒度均匀，较无添加剂的试样粒径明显增大。无添加剂的烧结试样，在三叉晶界处观察到大量的气孔，同时在一些大尺寸晶粒内部还有球形气孔存在，如图 5-37（a）所示。晶粒内气孔是烧结后期晶

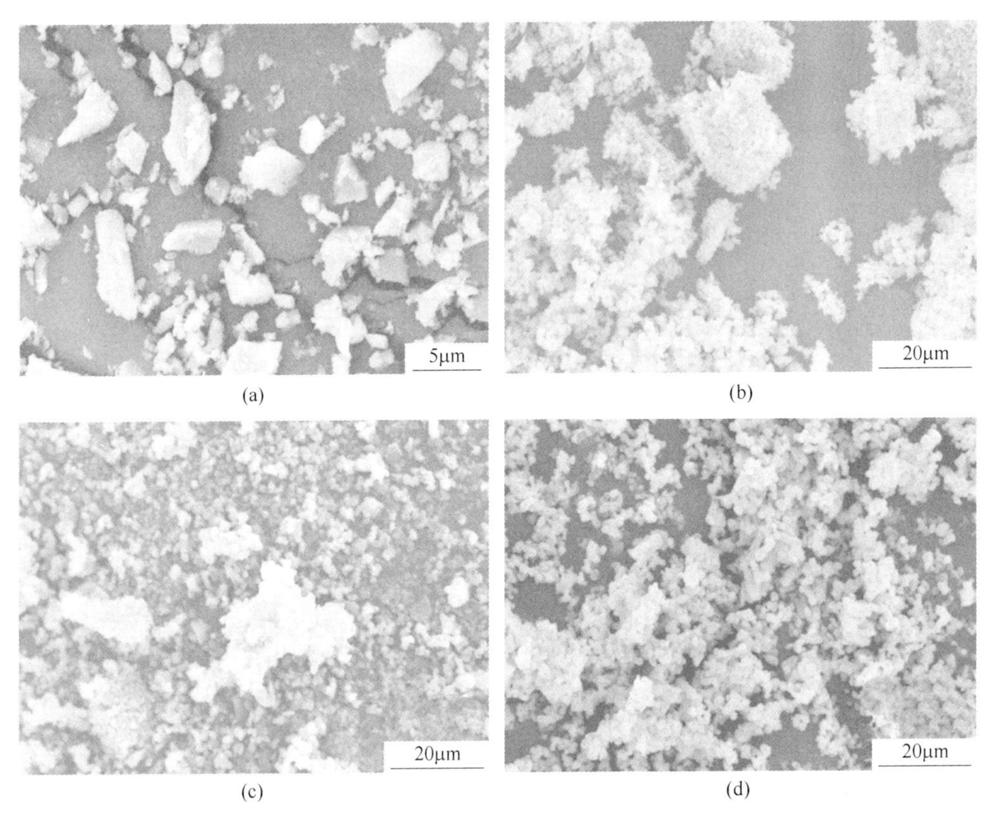


(a)　(b)　(c)　(d)

图 5-36　由菱镁矿及添加了不同含量（质量分数）的氯化镁的菱镁矿得到的轻烧 MgO 粉末的 SEM 照片

（a）不添加；（b）3%；（c）6%；（d）9%

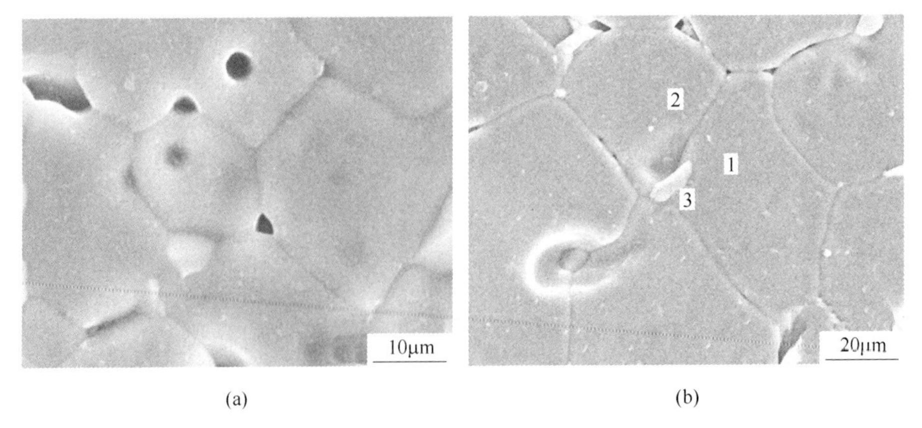


(a)　(b)

图 5-37　由无添加剂和添加了氯化镁的菱镁矿所制备烧结氧化镁的 SEM 图

（a）无添加剂；（b）添加 6%（质量分数）氯化镁

界迁移速度远远大于气孔移动速度，而将其“裹入”造成的，单纯地靠延长烧结时间和提高烧结温度是很难将其去除。而在添加了氯化镁的烧结试样中，气孔明显减少，并且气孔的尺寸也明显减小，仅在三叉晶界处观察到少量的微小的气孔，如图 5-37（b）所示。以上结果表明，氯化镁添加剂能够促进 MgO 晶粒的长大，获得晶粒尺寸分布均匀的显微组织，从而起到提高烧结镁砂的致密性的作用。

为进一步分析氯化镁促进烧结镁砂致密性的机理，对图 5-37（b）所示的基体、晶界以及三叉晶界处进行能谱分析，所得结果见表 5-16~表 5-18。

**表 5-16 图 5-37（b）点 1 处物质所含元素的百分含量**

| 元 素 | 质量分数/% | 原子分数/% |
|---|---|---|
| O | 36.86 | 47.01 |
| Mg | 63.14 | 52.99 |

**表 5-17 图 5-37（b）点 2 处物质所含元素的百分含量**

| 元 素 | 质量分数/% | 原子分数/% |
|---|---|---|
| O | 35.91 | 45.98 |
| Mg | 64.09 | 54.02 |

**表 5-18 图 5-37（b）点 3 处物质所含元素的百分含量**

| 元 素 | 质量分数/% | 原子分数/% |
|---|---|---|
| O | 39.88 | 55.31 |
| Mg | 26.76 | 24.42 |
| Si | 7.62 | 6.02 |
| Ca | 25.74 | 14.25 |

由图 5-37（b）所示的基体、晶界以及三叉晶界处的物质的能谱分析可知，烧结镁砂的基体和晶界处只分析出了 Mg 和 O 两种元素，从其物质所含元素的百分含量，可以看出其中的 Mg 与 O 元素的质量百分比均小于纯物质 MgO 中的 Mg 与 O 元素的质量百分比。由此可以推知烧结镁砂的基体、晶界及三叉晶界处均不是较纯的 MgO，均可能含有少量的 CaO 和 $SiO_2$ 的杂质相。而在烧结镁砂试样（b）的三叉晶界处的能谱分析，均出现了 Mg、O、Si 和 Ca 等元素，这说明在三叉晶界处的杂质相较多。这可能是由于在高温烧结过程中，氯化镁的加入降低了原料中 $SiO_2$、CaO 和 $Al_2O_3$ 等杂质的析出自由能，而使其在晶界处形成一定的杂

质相。新相的形成促进了烧结氧化镁的固-固结合，降低了烧结镁砂试样的气孔率，提高了烧结镁砂的致密性。

本章研究结果可总结如下。

（1）$CeO_2$ 的添加对于粗粒度 MgO 粉体（37.9μm 和 26.9μm）制备的烧结镁砂致密性影响较小，但可以显著提高较细粒度 MgO 粉体制备的烧结镁砂性能。在 1600℃烧结时，添加 $CeO_2$ 后烧结镁砂最大体积密度为 3.47g/cm$^3$，开孔隙率仅为 0.3%。MgO 粉体中的杂质 CaO 会与 $CeO_2$ 发生固溶反应，$Ca^{2+}$进入 $CeO_2$ 晶格，导致 $O^{2-}$空位增加，加速了离子扩散，从而促进了 $CeO_2$ 晶粒的生长，使烧结体内部能排出更多的孔隙，提高了烧结镁砂的致密性和 MgO 晶粒间的结合程度。此外，$CeO_2$ 的加入也会降低 MgO 的烧结活化能，提高 MgO 扩散系数，加速 MgO 晶粒的生长，从而促进致密化的进程。

（2）$La_2O_3$ 的添加对所有粒度的 MgO 粉体制备的烧结镁砂致密化都有较为明显的提升，而且其效果也要优于 $CeO_2$ 的添加效果。其中，当 MgO 粉体粒度较小时，添加 $La_2O_3$ 后，烧结镁砂的体积密度最高可达到 3.49g/cm$^3$，开孔隙率降到 0.2%。$La_2O_3$ 可以与杂质中 $SiO_2$、CaO 反应，生成高熔点相（$La_{4.67}(SiO_4)_3O$ 和 $CaLa_4(SiO_4)_3O$），这些高熔点相会填充 MgO 晶粒间的孔隙，将 MgO 晶粒紧密结合在一起，提高了烧结体致密性和抗压强度。通过对 MgO 的动力学分析，$La_2O_3$ 的加入也会降低 MgO 的烧结活化能，加速了 MgO 晶粒的生长。

（3）钛酸正丁酯和氧化钇的添加均对菱镁矿的分解温度影响不大，但其可显著提高烧结镁砂的致密性。这是因为钛酸正丁酯与菱镁矿中的杂质 CaO 生成高熔点化合物 $CaTiO_3$，新相的形成一方面在晶界处产生了大量的空位，提高了晶粒的扩散能力，在高温烧结过程中，使原料中 $SiO_2$、CaO 和 $Al_2O_3$ 等杂质析出，在晶界处形成一定的杂质相；另一方面新相的形成可以提高烧结镁砂的固-固结合力，从而促进 MgO 的烧结，提高烧结镁砂的体积密度，降低烧结镁砂试样的气孔率。而氧化钇是与菱镁矿的杂质相 $SiO_2$ 反应，生成了低熔点化合物 $Y_2Si_2O_7$，使整个烧结过程在有液相的情况下进行，进而提高了烧结镁砂的致密性。

（4）氯化镁的添加能够显著地降低菱镁矿的分解温度，并且能够破坏菱镁矿的母盐“假晶”现象，促进 MgO 晶粒的长大，从而提高烧结镁砂的致密性。添加了 5%（质量分数）氯化镁的菱镁矿在 750℃下轻烧所得的轻烧 MgO 的活性最高，即轻烧温度为 750℃时得到的烧结镁砂的体积密度最大，致密性最好。氯离子能够摆脱菱镁矿的“假晶”现象，并且能够在较低的温度下得到较高活性的轻烧 MgO 粉，从而改善了粉末的成型和烧结性能。

## 参 考 文 献

[1] Maiti K, Sil A. Microstructural relationship with fracture toughness of undoped and rare earths

(Y, La) doped $Al_2O_3$-$ZrO_2$ ceramic composites [J]. Ceramics International, 2011, 37 (7): 2411~2421.

[2] Rejab N A, Azhar A Z A, Ratnam M, et al. Structural and microstructure relationship with fracture toughness of $CeO_2$ addition into zirconia toughened alumina (ZTA) ceramic composites [C]. Advanced Materials Research. Trans Tech Publications Ltd, 2013, 620: 252~256.

[3] Wang J, Chen W, Luo L. Effect of $CeO_2$ on microwave dielectric properties of MgO-$Al_2O_3$-$SiO_2$-$TiO_2$ glass-ceramic [J]. Japanese Journal of Applied Physics, 2007, 46 (8R): 5218~5220.

[4] Yang Q, Zeng Z, Xu J, et al. Effect of $La_2O_3$ on microstructure and transmittance of transparent alumina ceramics [J]. Journal of the Chinese Rare Earth Society, 2006, 24 (1): 72~75.

[5] Zhang H, Zhao H, Chen J, et al. Defect study of MgO-CaO material doped with $CeO_2$ [J]. Advances in Materials Science and Engineering, 2013: 1~5.

[6] Alexander K B, Becher P F, Waters S B, et al. Grain growth kinetics in alumina-zirconia (CeZTA) composites [J]. Journal of the American Ceramic Society, 1994, 77 (4): 939~946.

[7] Wang J, Raj R. Activation energy for the sintering of two-phase alumina/zirconia ceramics [J]. Journal of the American Ceramic Society, 1991, 74 (8): 1959~1963.

[8] 赵惠忠, 张文杰, 汪厚植. 合成镁白云石中 CaO 和 MgO 晶粒生长动力学 [J]. 耐火材料, 996, 30 (2): 84~87.

[9] Huang Q Z, Lu G M, Wang J, et al. Mechanism and kinetics of thermal decomposition of $MgCl_2 \cdot 6H_2O$ [J]. Metallurgical and Materials Transactions B, 2010, 41 (5): 1059~1066.

[10] 李晓东, 柏立飞, 赵恒和, 等. 氯离子对氧化镁纳米粉体合成及烧结性能的影响研究 [J]. 功能材料, 2009, 7 (40): 1215~1218.

[11] 李环, 苏莉, 于景坤. 高密度烧结镁砂的研究 [J]. 东北大学学报, 2007, (3): 381~384.

[12] Rococo M C, Villiams R S, livisatos A P. Nanotechnolory research directions: V ision for nanotechnology R&D in next decade WGN workshop report [D]. Kluwer, Dordrecht, 2001.

[13] 饶东生, 林彬荫, 朱伯铨. 降低高纯 MgO 烧结温度的研究 [J]. 硅酸盐学报, 1989, 17 (1): 75~80.

[14] Eastman P F, Culter I B. Effect of water vapour on initial sintering of magnesia [J]. Journal of the American Ceramic Society, 1966, 49 (10): 526~530.

[15] 高宇红. $TiO_2$ 添加剂使方镁石-尖晶石制品性能提高 [J]. 国外耐火材料, 1995, (9): 100~103.